ギネスの哲学

地域を愛し、世界から愛される企業の250年

英治出版

常に忠実なる《センペル・フィデリス》
ブライアン・ウェイドに

The Search for God and Guinness

A Biography of the Beer That Changed the World

by

Stephen Mansfield

Japanese translation rights arranged with Thomas Nelson, Inc., Nashville, Tennessee
through Tuttle-Mori Agency, Inc., Tokyo

プロローグ

ダブリンはセント・ジェイムズ・ゲイト醸造所の中にギネス史料館はある。そのすぐ外のベンチにすわっていた私の耳に、隣のベンチにボーイフレンドといたブロンド娘がたずねるのが聞こえた。アメリカ人のティーネイジャーだ。

「でさあ、ギネスってなにしてるとこなの」

おしゃべりの中で出た質問だった。

思わず私は吹きだしそうになった。なにしろ私たちがすわっていたのは、ビール・グラスの形をした七階建ての建物の中だったのだ。

それでもボーイフレンドの方は辛抱強く答えた。いやみに聞こえないように、できるだけやさしい声を出してはいた。が、このたぐいの質問にこれまでにも何度も答えたことがあるのはすぐにわかる。

「つまり、ビールを作ってるんだよ。ものすごくたくさん。それで世界的に有名なんだ」

「でも誰だってビールくらい作ってるじゃない」ブロンド娘が言い返した。甘えるような声は少々耳ざわりだ。「そのビールのどこがそんなにすごいのよ」

答えにつまってボーイフレンドは私を見やった。史料館に予約を入れていた私はスポーツ・

コートを着てブリーフケースを持っていた。だから助け船を出してくれそうに見えたにちがいない。それに私は二人の倍の年齢で、向こうからすればギネスで働いている人間としか思えなかっただろう。

助けてくれという顔で私に向きなおると、ボーイフレンドが頼んだ。

「すみませんが、この娘にギネスがなんでそんなに有名なのか、説明してもらえませんか」

正直に言うと、反射的にまず出てきたのは、「いや、そんなことは誰にもできないと思うよ」という答えだった。とはいえ、それはほんの一瞬苛立ちを感じて浮かんだものだったし、それに前の晩友人たちとかわしたばかりの議論がふと思いだされた。ギネスの物語はアメリカではほとんど知られていない。このテーマに関する本はアメリカではほとんど手に入らないし、黒スタウトの物語はバドワイザーやクアーズといったアメリカ産ビール帝国興隆の陰に隠れてしまっている。そう考えれば、この若者たちがギネスの話を知らないのも無理はない。そこで私はやさしくさとす口調で答えた。

「いいとも」

そして、アーサー・ギネス、その子孫たち、そしてギネスが驚くべき存在になってゆく過程について、短かく、ざっくばらんな調子で話した。ただ、もっぱらビールについて話すようにした。すぐにわかったが、これは失敗だった。

二人は礼儀正しく耳を傾け、礼をつぶやきながら別れようとした。私の話を面白いとは思わなかったらしい。せっかくの聴き手を逃したくなかったので、私はつけ加えた。

「もっとも本当にすごいのは、ギネス一族がその財産を使ってそれはたくさんの人びとを助けたことだと思うがね」

とたんに二人は私の方をふりむいてたずねた。

「どういうことです」

歴史を愛する者にとって、これこそは生き甲斐を実感する瞬間だ。二人の若い意気込んだ顔が目の前にあり、そしてなんとも興味深い話を聞かせられる。そこで私は全力をあげて語った。ギネス一族が信仰に篤い人びとであり、その信仰に動かされて社会に貢献したこと。アーサー・ギネスの行跡、すなわちその財産を正義のために使ったこと、日曜学校や決闘廃止協会のこと、放縦で贅沢な生活に反対の立場をとったこと。後の世代のこと、従業員に高い賃金を払い、アイルランドの歴史的遺跡の保存に努め、貧困層のために莫大な金を投じて住宅を建てたこと。

私は調子づいた。娘は近くにいた友人たちに身ぶりでｉＰｏｄのスイッチを切らせ、身を乗りだしてきた。抱き締めてキスしてやりたい気分だった。

それから私は、これからこの本で語ろうとしていることの大半を語って聞かせた。ギネス家出身のある医師が当時絶望的に不足していたものを総ざらいし、ギネスの経営陣に援助を求めたこと。ギネス家の子孫の一人が新妻とともにスラム街に移り住み、祖国の貧困層がいかに未来のない状態にあるか、注目を集めたこと。若者たちのおじいさんおばあさんがまだ若かった頃、アイルランドのあるビール会社が人びとの面倒を見たその業績に比べれば、こんにちマイクロソフトやグーグルのやっていることなど、もののかずではないこと。

それはもう最高だった。半ダースほどのアメリカの若者がじっと聞き耳を立てていたセント・ジェイムズ・ゲイトでのあの数分間、外の世界は存在しなくなっていた。

話が終わるとブロンド娘は立ち上がり、ボーイフレンドも引きずられて立ち上がった。

「じゃ、行くわよ」

私はふふと笑って、娘の意気込みを軽くからかうつもりでたずねた。

「で、きみたちはどこへ行くのかね」

娘はなかば私の方に向きなおったが、実際は友人たちにむかって言った。

「ここの人たちはえらいことをしたんでしょ」そして床をつんつん指さして宣言した。「だったらとことん知りたいのよ」

この時にはこの若者たちに対して、われながら驚くほど情が移ってしまっていたから別れる前にひとこと言わずにはいられなかった。

「そうだね。よく調べて、わかったら今度はきみたちがもっと大きなことをするんだな」

若者たちは笑いとばすだろうと私は思った。が、その眼はきらきら輝き、そういう可能性をもっていると認めてくれてありがとうと言っていた。一人が「ありがとう」と口に出して言い、一行は隣の部屋へと流れていった。足にはゴム草履、腹は剥き出しで、刺青やピアスを見れば、若者たちがどんな種族に属するかわかる。

そして、この若者たちはすばらしい連中だと、私の眼には映った。

ちょうどその時、ギネス史料館の司書イーヴリン・ロシェがそのドアから出てきた。

「マンスフィールドさん、始めてもよろしいですか」

ようし、始めようじゃないですか。

ギネス貯蔵館史料室の著者

ギネスの哲学　目次

序章

なぜ、ギネスは世界中で愛され続けるのか?

INTRODUCTION

この本は神話のうちに構想が生まれ、疲労困憊の状態に励まされ、そして希望をもって船出した。まずは神話から始めよう。

ある九月の暖かい日曜の午前中だった。私は友人とともに、かれが属する長老派教会を訪れ、黒い服の牧師が説教壇に登り、その日の説教を始めるのをじっと見ていた。その日の説教はすぐれたもので、牧師の教養と目の前の人びとへの気遣いの深さがよくわかった。それから牧師は話のまとめとして口調をあらため、ある物語を語った。それがアーサー・ギネスの話だった。有名な醸造業一族の創業者であるアーサーが一八世紀半ば、ダブリンの街を歩きながら、アイルランドの街頭にあふれる大酒飲みをなんとかしていただきたいと神に祈っていた。当時はウィスキーとジンが猖獗《しょうけつ》を極め、その結果として祖国が荒廃しているありさまに、若きアーサーはとても堪えられなかったものとみえる。その時、アルコールのもたらす禍いについて熱心に祈っていたアーサーに神の声が聞こえたという。

「人びとがよろこんで飲み、しかも健康に良い飲み物を造りなさい」

つまり、この教養深き長老派の牧師によれば、ギネス・ビールは当時荒廃しきっていた道徳への神の応えであり、アーサー・ギネスが神の声にすすんで耳を傾け、その命にしたがったおかげで生まれたものだったのだ。

説教そのものは力業《トゥル・ド・フォース》といってよかった。が、神とアーサー・ギネスの話を牧師が語るのを聞いた時、それが事実ではないと私にはわかった。その話はギネス一族の創設者についてわかっている、ごくわずかな事実からつむがれた虚構《フィクション》だった。私がそのことを知っていたのは、すでにかなりの時間をかけてアーサーの生涯について調べていたからだ。

礼拝の後で訪ねた私に牧師は、インターネットでこの話にでくわし、あまりに感動したので会衆に話すことにしたのだ、と語ってくれた。だが、その話が事実でないことに変わりはない。マーク・トウェインが断言するところによれば、嘘というものは真実がズボンをはいている間に世界中を駆けめぐって広がる。この格言は歴史上どの時代にもまして、インターネット時代において正鵠《せいこく》を射ている。牧師の話は一例ではある。現代にあっては、この断片的な情報がウェブサイトからウェブサイトへと移ってゆき、それにしたがって、すでに奇蹟的な話にさらに尾鰭《ひれ》がついて、昔ながらの神の偉大な御業がますますスピードを速めて伝わってゆく。そういう傾向があることを、この例は証明している。

しかし、このことは私たちの世代にとって損失でもある。というのもアーサー・ギネスの本当の話は、神話の装いと同じくらい気高く、神への献身において劣るものではないからだ。真実の話はわくわくすると同時に人情味あふれるものでもある。それも天からの声とか、ある時代の道徳的危機の解決策として造られたビールとかいった、はでな神話は抜きにしてだ。それはまた刺激的でもある。真実の話によれば、ギネスの物語《サーガ》は人間の手の届くものになる。私たちが我が身に引きつけ、見習うことができるものになる。対照的に神話はかならず誇張を伴うから結局真実を隠し、正しく語られれば私たちがそこから得られるはずのことも、失われてしまう。

実際にアーサー・ギネスは偉大な信仰の人だった。大主教の家庭に生まれ、アイルランド国教会の忠実な信徒として育ったアーサーは、その一族の標語「スペス・メア・イン・デオ（我が希望は神にあり）」を地で生きた。信仰復興運動家ジョン・ウェスレーの影響を受け、その財産と才能を使って人類の苦しみを減らすことを志した。聖書を頼りに、アーサーは実際に同時代の貧困層を援助し、自分に与えられたものを神を讃えるために使おうと努めた。

しかしそこから先のアーサーは、現代の世界が慣れ親しんだものからは離れるのである。私たちは日常生活からの逃避先としての宗教や、あの世での暮らしについての固定観念と化した信仰といった現象に慣れてしまってもいる。確かにアーサー・ギネスが起こしたベンチャー・ビジネスは、信仰が推進力となっていた。しかしその信仰は、神への捧げ物としてこの世で仕事をすることに人を駆りたてるものでもあったのだ。技芸と規律を理解し、労働と技能への愛を聖なるものとして父から子へと受け継ぐように、人びとを駆りたてるものだった。そのベンチャーの信仰は、地上から果実を収穫し、研鑽と精励によってその果実からさらに大きな価値をもつものを生みだす信仰だった。ギネス・ビールの二五〇年におよぶ偉大な歴史の大部分は、信仰を発想の源として他に抜きん出ることによって富を獲得し、その富を神への感謝のしるしとして人びとに奉仕するために使う、という物語である。アーサー・ギネスが創設したのはこの事業と伝統であり、こんにちなおギネス・ビールはそれを象徴している。

だから長老派牧師と握手をかわし、九月の太陽のもとへ出た時に私は感じたのだ、真実の話を知れば私たちの時代はもっと豊かになれるはずだと。劇的だからといって必ずしもそれが神聖だという証拠にはならないこと、正義が時を超えて働くその様はいかにも日常的でささいなものであること、この二つをともに理解するチャンスがあれば、もっと豊かになれるはずだ。アーサー・ギネスとそれに続く何世代もの子孫たちの物語は、私にとってはこの二つのことを意味するようになっていた。アーサー神話を検討し、より高貴な真実にこの神話が与えている損害について考えるほどに、真実の物語を語りたくてたまらなくなった。

以上が神話についてだ。

次は疲労の話。

二〇〇八年の大統領候補決定党大会にいたる数ヶ月に、私は『バラク・オバマの信仰』という本を書いていた。私はオバマを尊敬はしたが支持することはできず、この本はオバマへの愛から出たものというよりは、その生涯を材料にして、アメリカ文化における宗教の潮流を明らかにしようという試みだった。二〇〇八年の大統領選挙が白熱したことと、オバマ、マケイン各々の支持勢力が宗教的に熱狂していたから、私自身、気がついてみると低水準な内戦の只中に立たされていた。殺すぞと脅されたり、地獄で腐りはてることになると言われたりした。講演会はキャンセルされ、友人たちはわざわざ電話をかけてきて、私がキリストを否定すると決めた理由をたずねた。あれは怒りに満ち、浮沈の激しい時期だった。私は当時のアメリカ政治を最前列で観察する羽目になった。

すべてが終わると、自分がひどく疲れていることに気がついた。本の宣伝ツアーやインタヴューに疲れたというだけではなかった。見当違いの政治、ほんものの生活を守るための技術でなく、生きる意味としての政治に飽き飽きさせられたのだ。まるで神々同士の戦争のように行われる政党間の争いはもうたくさんだった。シンプルで人間味のあるもの、伝統的でしっかりと根を張ったものがしきりに欲しくなった。G・K・チェスタトンに気に入った一文を見つけて喜んだ。

「この世で一番非凡なものは、平凡な男と平凡な女とその平凡な子どもたちである」

つまり私は平凡の魔法をもう一度確認したくてたまらなくなっていたのだ。

例の長老派の説教を聞いたのはちょうどそういう時だった。そしてほんもののギネスの物語からはどんな人間的なものが、どんな遺産が、そして毎日の生活へのどんなつながりが汲みとれるだろうかと考えだした。文献にあたり、専門家への取材を始め、そしてダブリンの醸造所を訪問するうち、私にもわかってきた。

まずはじめに、私の想像力に最初に訴えてきたのはこんにちのギネス、すなわち超巨大、ハイテクでぴかぴかのギネスではないことは、おことわりしておいた方が良いだろう。そうではなく、私の想像力が飛んでいったのは、時代から時代へと受け継がれてゆく醸造業という、純粋で愛された職業にむかってだった。大麦と水とホップと酵母が名人の手にかかると、飲めば気分一新、すっかり健康になるが、正気を失うほど酔うこともない飲み物へと変わるのが見えた。大切にされ、念入りな世話を受けた馬たちがビールの樽を運んでいるのが見えた。樽作りの職人たちが、不器用な若者たちにその技を教えこんでいる様子も見えた。何隻もの船が甲板にスタウトを満載しているのが見えた。甲板で気合いを入れて荷降ろしをしている男たちは、自分たちが降ろしているものをもうすぐ味わえるとわくわくしている。激しい労働の一日の終わりに集まった労働者たちが、国民的飲み物のグラスで乾杯している。そしてその日も無事すんでほっとした男たちがパブであげる笑い声や、日々の暮らしへの神の恵みにギネスを捧げて乾杯している家族の声が聞こえる。

これだ。地に足のついた、人間的で、聖なる物語、時間をかけて一つの技を磨いた人びとの物語、神への捧げ物としてこの世で善をなそうと努めた一族の物語。私のくたびれはてた魂が求めていたのはこれだった。セント・ジェイムズ・ゲイト醸造所の大麦の匂いのようにこってりとして、何世代にもわたる物語にはよくある、苦楽に満ちた物語。

かくて、私がくたびれていたことがギネスへとつながったのだ。

とはいえ、希望もまたギネスへとつながっていた。

この本についての調査を行い、執筆をすすめていた数ヶ月の間に、大恐慌以来最悪の経済危機が明らかになりはじめた。アメリカの住宅市場の内部崩壊に始まり、ウォール・ストリートへと波及した。そこでは略奪的な貸出慣行、無分別なローン、加えてそれらのローンを元にした

「スワップ」とその世界では呼ばれた賭博によって、すでに深刻だった事態がさらに悪化した。まもなくアメリカの一流金融機関の一つが破綻し、生き残ったものもほとんどがひとえに連邦政府からの援助のおかげで破綻をまぬがれるという有様だった。

事態はますますひどくなり、そしてあらゆるところに貪欲が染み込んでいるようにみえた。毎日オフィスのテレビに映しだされる暴飲暴食と悲哀に息苦しくなった私は、救われる想いでギネスの物語にむかった。そこには解毒剤があった。古い時代の精神からできた飲み物だ。それに私の気分は一新され、希望を持つことができた。

会社と一族の歴史の当初から、ギネス家の人びとは世の貧困層へ自分たちが負っている義務を果たすことに積極的だった。手始めは足下、自分たちが雇っている人びとである。創設者アーサーの曾孫エドワード・セシル・ギネスは、会社の根源的な経営理念を次のように表明した。

「儲けたければ、まわりを儲けさせる人であれ」

このことを実践して、ギネス醸造所は通常、平均より一〇から二〇%高い賃金を支払い、アイルランドで働くには最高の会社との評判を得ていた。さらに一日二パイントその有名な黒いスタウトを飲むことが認められていたことも、従業員の大半にとって高い賃金と同じく重要なことだった。

それだけではない、ギネス社がその従業員に与えていた福利厚生は、グーグルやマイクロソフトのような現代の企業が視野に入れているものをも超えていた。一九二八年のギネスの企業報告書からかいまみえるところをあげてみよう。この時期は従業員対策がとりわけ開明的だったわけではない。ダブリンのギネス醸造所の敷地内には正式の資格をもった医師が二人常駐する診療所があり、従業員はもちろん、その家族も診療を受けることができた。従業員の未亡人や退職した年金受給者も対象に含まれていた。医師は二四時間常駐し、往診にも応じ、必要があれば患者に代わって専門家にも相談した。

従業員のためには歯科医が二人、薬剤師が二人、看護婦が二人、従業員の家庭の衛生状態を良好に保つための「訪問婦人」が一人、それにマッサージ師が一人、用意されていた。ギネスの工場内に病院設備がある他、田園地帯に結核からの回復過程にある患者のための「療養所」が設けられていた。

これはまだ序の口である。退職者は一銭も払わずに、「取締役会の希望により」年金を支給された。未亡人も同様だった。従業員やその家族が死ぬと、会社は葬儀費用の大半を負担した。

従業員の生活をより良いものにするため、会社は敷地内に貯蓄銀行を設置し、基金を設立して、労働者が住宅購入の資金を借りられるようにした。その家庭生活を可能なかぎり良いものにするために、会社はまた家事の技量を高めることを奨励して競技会のスポンサーとなった。裁縫、料理、装飾、園芸、帽子造りに賞金が出された。労働者の妻たちのためにコンサートや講演会が開かれた。家庭の道徳的知的レベルを向上するためには、まずそこに住む母親や妻のレベルを向上することが先決であるとの信念に基づくものだった。

この基本方針から、会社はありとあらゆる種類の同好会や団体のスポンサーにもなっていた。「犬、家禽、鳩、飼鳥」の飼育のための団体があった。野菜と花卉栽培のための団体、「家内工業奨励」のための団体があった。体育協会が創設され、ゲーリック・フットボール、クリケット、自転車、ボクシング、水泳、ハーリング（訳注＝アイルランド独自のホッケー）、綱引の競技会を主催した。これ以外にも、ビール醸造に必要な技芸を磨く同好会や専門家養成組合はほとんどすべて会社がスポンサーとなっていた。

教育関係の福祉もこんにちの企業が提供するほとんどのものよりも気前が良かった。ギネス社は一四歳から三〇歳までの従業員全員を対象に、ダブリンの専門学校に通う際の費用を負担していたし、資格を認められた者にはさらに上の教育を受ける資金も出していた。工場内には図書館、音楽クラブ、それに「労働者ルーム」があった。これは勤勉な労働者が読書したり、考えにふけったり、何であれ仕事を離れて精神集中をするためのラウンジである。木彫り、籠編み、透かし彫り、スケッチ、写真、箪笥造り、書道、音楽、歌唱、ダンスのクラスもあった。

ギネスの気前の良さには、際限がないようでもあった。毎年、「遠足日」に家族を田舎に連れてゆけるように全従業員が手当をもらった。鉄道運賃だけでなく、食事や娯楽の費用も会社が負担した。独身者はデートすることも認められ、これまた会社が費用を出した。ヴィクトリア女王の戴冠五〇周年記念に際しては、ギネス社は全従業員に一週間分の給与をボーナスとして支払った。

この寛大な文化にどっぷり漬かることは、私にとって自分が生きている時代からありがたい休暇をとるにも等しかった。自分の時代では貪欲と、正当とはとても言えない特権が、日々人びとの生活をぶち壊していたからだ。私たちの無情の時代にあって、いくらかでもバランスを回復してくれる可能性、厳しさを柔らげ、品格をもたらしてくれる可能性を、このギネスの物語に見てとるのは難しいことではない。かくてこの角度からも私はギネスの遺産に惹かれた。それは私たちを誤った道に導いたものとは違うものをモデルとして、ゼロから立ち上がろうと努力している企業にとっての教訓となるのではないか。この希望、ギネスが私たちの手本となるという希望が私の仕事を導いてくれた。そして私の心も軽くなった。

かくして私をギネスの物語にしっかりと結びつけたのは、一つの希望だった。

そしてビールがある。

正直に言うと、私はビールというテーマには部外者として辿りついた。ビールが好きだったことは一度もないし、それで損をしたと思ったこともない。それでもビールをめぐる文化とビールから生まれているようにみえる仲間意識には魅力を感じた。そして気がつくと、まるでお菓子屋のショーウインドウに顔を押しつけている幼い少年のように、ビールの世界を覗きこんでいたのだ。

思うにこのビールへの想いは子どもの頃、一日の終わりに父が帰ってくる時から始まっていたのだろう。父は連邦陸軍士官で、毎夕家に帰ってくる制服姿は背が高く、威風堂々としていた。

そしてくつろぎの儀式が始まる。シャツはすぐにセーターに代わり、ブーツははずれて靴下をはいた足になった。機嫌が良い時には、兄か私がブーツをぬがすのを手伝い、その後レスリングもどきになるのが普通だった。それから後はいつも同じだ。着替えをしていた寝室からキッチンへ行き、補給を受けると安楽椅子にすわって夜のニュースを見る。そしてそこにはビールがあった。毎晩、瓶一本かグラス一杯、それに一握りのピーナッツ。ジョージア育ちの兵士であった父は、それなしにはすませられないようだった。

じっと見ている私の前で、父が戦士から気のおけないパパに変身していたのを思いだす。新聞とビールがつきもののその瞬間だけとっても、私には祈りの儀式と思われるもの、父が身につけていた大人の男にひそむ謎めいたものがあった。その謎が、いつか自分にも判る日が来るのではないかと期待していたものだ。その姿は、父の生涯の中でビールが何らかの役割を果たしていたあらゆる場面を象徴していたようにも思える。軍隊生活にはビールはつきものと思われた。将校クラブで、大隊のピクニックで、ゴルフの後で、友人たちとビールを飲んでいる両親を私は見ていた。しょっちゅうからかったりからかわれたりしていたし、笑いあっていたし、大人の会話が交わされていた。私の幼い耳は会話の中身を理解したくてしかたがなかったが、そのどこにもビールがつきものだった。人間のふれあいのしかたがビールの存在によって変わること、ビールが人間の魂をなだめ、警戒をゆるめることに、どういうわけか私は幼い頃から気がついていた。ビールを飲むと父は別人になったが、それは大量に飲んだからではなかった。何杯も飲むことはなかった。むしろビールを飲むことで父はくつろぐ許可を得る感じだった。警戒を解き、周囲の人間たちと人間らしいつきあいをしてよいという許可をビールは与えてくれるようだった。

高校の友人たちが度を超えてビールを飲むのにふけるのはいったいなぜか、その謎の解明に私がつぎこんだものは、ほとんど情熱と呼んでもいいだろう。私の家族はアイオワ州デモインに転勤となった。やがて新しい学校のわけ知り顔の友人たちから、世界で最も貴重な飲み物はクアーズという混合物であると教えられた。アイオワではクアーズは非合法だったから、何十人もの友人たちが合法に売られている近隣の州からビールの密輸を始めていた。うちの高校のコンパやパーティーではこの飲み物があふれていた。が、私はクアーズの味にどうしてもなじめず、したがってここでも、ビールとその文化を外から眺めていた。もっとも友人たちがどこまでも楽しもうとしていた箍《たが》のはずれた酔払いの世界よりも、父の世界にあったビールがきっかけとなる文化の方がずっと気になっていた。

数十年が過ぎた。私は大学に行った。牧師になった。本を書いた。講演をした。政治の世界で仕事をした。自分の世界の友人関係や絆の現状を見つめ直した。その頃には自家醸造が流行し、どこの町にも地ビールをそろえたレストランができた。ただ、それだけではなかった。文化の上での転換が起きていたのだ。ベビーブーム世代が年を重ねたせいかもしれない。あるいは兄や姉たちがコーヒーでやったことを、二〇代がビールとアルコールでやったということかもしれない。とにかく友人とビールを一杯やること、上司や同僚や妻や夫とビールを一杯やることがナウなことになったのだ。

ナッシュヴィルの地元の社交場であるフライング・ソーサーには、この文化の転換が誰の眼にも明らかな形で映しだされていた。ダイエット・コークを前に腰をおろした私が見ていると、教会の運営委員会の老人たちは延々と会議をする間も皆ビールを手にしていた。ノート・パソコンでプレゼンをしている社員たちが途中で何か他のことをしているなと思うと、フライング・ソーサーで飲める二一一種類のビールのうち、次はどれにするか議論している。ベルギー・ビールを試している一家もいれば、本日のペール・エールを注文しながら笑いあっている小柄な老婦人たちもいる。まるでみんな努めてヨーロッパ人になろうとしているようにもみえた。もはや遥か過去の時代のようにアルコールの道徳と格闘することもせず、友人とうまいビールを飲むことで時に生まれるあの愉快なひとときを手に入れようと必死になっているようでもあった。

このことでも私は一層ギネスに惹きつけられた。二世紀半にもわたる人びとの生活の中で深い意味を持つ場面には、いつもかの黒いスタウトが華を添えていたことを思った。赤ん坊が生まれた時。お祖父さんが亡くなった時。息子が学校に受かった時。新婚ほやほやのカップルが恥ずかしそうに寝室の扉を閉めた時。こういう変化を人びとがグラスに入ったもの、その価値を認め、それを飲むと嬉しくなるような飲み物で祝うのは自然なことだ。毎日一〇〇〇万を超える人びとにとって、その飲み物とはギネスである。そしてギネスが意味することと、大切に想っている人びとと友情を固め、ともに楽しむことがあいまって、その人びとの人生が豊かになっていることも確かだ。

正直に言えば、酒を飲むことやビールの部外者として、かつての私はすべては酩酊感が欲しいからだと思っていた。アルコールの入ったものを飲むことで現実から逃れ、感傷的な別世界へと押し流される感覚を得たいにすぎないと思えたのだ。しかし、今の私はかつては知らなかったことを知っている。ビールは単に酔払うための手段ではないし、罪にいたる滑り台を一層すべりやすくする潤滑油でもない。ビールは相応の敬意を払い、節度をもって飲むならば、神からの贈り物にもなりうる。ビールは神がすすんで隠す神秘の一つであり、これを探りだすことは王たちの栄光なのだ。そして人は記念日を記憶に刻み、さまざまな場面を祝い、同胞たちと肩をならべて運命に立ち向かう時に、これを飲む。

こうしたことのすべて——アーサーの不運な神話、人生半ばにして政治に倦《う》んだこと、より気高い企業風土への希望、そしてそう、人類とビールの親交への好奇心——によって、私は旅へと駆りたてられた。その旅は技能と伝統と信仰の探求となった。過去の世代が秘密を明かしてくれるのではという期待もあった。たがいに群れ集う人間の祈りを理解したいという情熱もある。

そして、ギネスと神とを探しもとめる旅でもあった。

ギネスにまつわる事実

◆世界中で毎日消費されるギネスは一〇〇〇万杯以上。年間約二〇億パイント（一パイント＝約〇・五七リットル）。

◆一七五九年、アーサー・ギネスがダブリンにギネス醸造所を開いた際に結んだ、セント・ジェイムズ・ゲイトの土地の賃貸契約は有名。賃貸の期間は九〇〇〇年！

◆アーサー・ギネスはアイルランド最初の日曜学校を開き、決闘制度に反対し、貧困層向け病院の経営委員会委員長を務めた。

◆ギネスを造るための水がリフィー川からとられているというのは神話。実際にはほとんどがダブリンのすぐ南のウィックロウ山地の渓流からとられている。

◆一九二〇年代のギネスの従業員が保証されていたもの。歯科を含む医療サービス、マッサージ、読書室、一部会社負担の食事、全額会社負担の年金、葬儀費用の補助、教育補助、スポーツ施設、無料のコンサート・講演・娯楽、それに一日二パイントまでの無料のギネス。

◆第一次世界大戦中、ギネスは出征した従業員に帰還の際の復職を保証し、兵士の家族に給与の半額を支給した。

◆一九三九年一二月、第二次世界大戦初期、ギネスは英国軍に従軍した兵士全員のクリスマス・ディナーにスタウト一パイントを提供した。

◆ギネスの主任医師の一人ジョン・ラムスデン博士は一九〇〇年、ダブリンの家庭数千軒を自ら訪問し、その調査結果をもとに会社は、疾病、不衛生、無知への対策を講じた。この事業はアイルランド赤十字社創設へとつながり、これによってラムステン博士は国王ジョージ五世からナイトに叙された。ギネスに適切に窒素ガスを注入するための小さなプラスティック製カプセルはウィジェットと呼ばれ、一九九一年、技術革新のための女王賞を受賞した。二〇〇五年、英国民の投票により、過去四〇年間で最大の発明と認められた。

◆ギネスは現在四九ヶ国で醸造され、一五〇ヶ国で販売されている。

◆二〇〇三年、ウィスコンシン大学の科学者グループは、一日一杯のギネスは心臓に良いとの報告を出した。

◆醸造所創設者アーサー・ギネスの孫ヘンリー・グラッタン・ギネスはキリスト教指導者として、同時代のドワイト・L・ムーディやチャールズ・スパージョンに匹敵する影響力をもった。一九世紀のビリー・グレアムと呼ばれている。

◆一九一〇年に死んだヘンリー・ギネスは一九一七年にエルサレムがオスマン帝国の支配から脱することだけでなく、一九四八年のイスラエル建国も予言した本を書き、これはベストセラーとなった。

◆ギネスはその従業員の面倒をよく見ることで知られていた。醸造会社のトップだった一族のあるメンバーは言った。「儲けたければ、まわりを儲けさせる人であれ」

◆一八九〇年代、後に醸造会社を率いることになるルパート・ギネスは結婚式当日に父親から五〇〇万ポンドを贈られた。まもなくルパートはスラム街の家に引越し、貧困層を援助する一連の計画を始めた。

Photo by Isaac Darnall

第１章

神々に愛されたビール

BEFORE THERE WAS GUINNESS

シェイクスピア曰く「これまで起こりしことはプロローグなり」

「これまで起こりしことはプロローグなり」と書いたのはシェイクスピアだが、これは真実だと私はずっと思っている。しかしそのことは学校で必修だった歴史の授業では絶対に教わらなかった。学校で教えられる歴史はプロローグに続くものがあるともみえなかった。後に続く出来事や、現実の生活にとって意味あると思えるものにはほとんどつながりがなかった。「なになに時代」「これこれの時期」というだけだった。日付と死んだ人間しか出てこず、初めから終わりまで、もう退屈でしかたがなかった。

ふりかえってみると、あの歴史の授業が一層ひどいものに感じられる。というのも、私は後になって歴史がむしょうに好きになったからだ。世界中の何百万という人びとの例に漏れず、私もまた大人になってから歴史のとりこになった。埃をかぶった学校歴史ではとても考えられないことだった。歴史には過ぎ去った時代のスリル満点の冒険もあれば、今の時代がどうしてこうなったかという説明も、人生の智慧もある。

そこでギネスの物語の調査研究にとりかかった時にも、シェイクスピアの格言を肝に銘じて、世界を、より細かく言えばビールの世界を理解するために、ギネス創設に先立つビールの歴史を探った。ギネスの物語はその世界から生まれ育ったからだ。正直に言おう、私は圧倒された。私は歴史で博士号をとり、講演や本の執筆の準備のために永年過去を研究してきた。しかし、何世紀にもわたってビールが演じてきた巨大な役割にはついぞ出くわしたことがなかった。だから歴史におけるビールの物語を調べはじめると、まったく驚いてしまった。そこに現れたのは、歴史の本流からはずれた裏通りのめだたないささやかなテーマなどではなく、偉大な文学、偉大な文明、そして偉大な人間活動の物語に分かちがたく織りこまれたテーマだったからだ。

歴史の陰にはビールあり

どういうことか、ちょっとした実例をお目にかけよう。ピルグリム・ファーザーズの話を知らないアメリカ人はまずいないと言っていいだろう。少なくとも毎年感謝祭になると、アメリカ人はその父祖と「メイフラワー号」の話を想いおこす。その話は確かにそれ自体、魅力的な話ではある。一部を以下に語りなおしてみよう。そこに完璧に裏付けのある細かい要素を二、三つけ加えてみる。おそらく一般にはまず知られていないことだ。ビールという要素をつけ加えて過去を語りなおしてみると、実に興味深い面が現れてくることがおわかりいただけよう。かつて行われた偉大な冒険のいくつかが、さらに一層愛すべき、忘れがたいものになる。

たとえばこの話だ。

時は一六二一年の冬、場所はひどい悪天候のニュー・イングランド。「ピルグリム・ファーザーズ」と私たちが呼ぶイングランド人の小さな集団が、不毛のケープ・コッドでかろうじて生きのびていた。かれらが生きていること自体が奇蹟だった。ほんの数ヶ月前、この集団は六六日かけて荒れくるう大西洋を渡った。時には何週間も波にもまれた。甲板に出ることは危険なため、何日も船倉に閉じこめられ、悲鳴と泣き声が交錯する中、ありとあらゆる人間の排泄物が足下の船底を漂い、死者が出た。

さて岸に着いてみると、「神の栄光とキリスト教信仰を広めるため」あえて出発するという盟約をかわしてはいたものの、状況が絶望的であることは誰の目にも明らかだった。後に知事となるウィリアム・ブラドフォードは書いている。

「かくて広大な大洋を渡り、またその前には準備にあたって山ほどの困難をのりこえてきたものの、我々を迎えてくれる友人は一人もおらず、疲れはてた体を迎えいれて休ませてくれる宿も一軒も無かった。頼って行って助けを乞えるような町どころか家さえもない」

一行は、神の「荒野への使命」を果たそうと努めながらも、荒野の一角でまったく孤立していた。

そこで一六二一年三月、風が吹きすさび、凍りついたこの場所で、一行は寒さをしのぐ小屋を造りはじめた。一行は見張りを立てた。土着民が遠くから見守っているのに気がついたからだ。一度、接触を試みたが、褐色の人間たちは神経質で、逃げてしまっただけだった。ピルグリム・ファーザーズはマスケット銃を手元から離さずに作業をした。木立の境からじっと覗いている、見慣れない格好をした人間たちを警戒したからだ。

三月一六日、ありがたいことにここ数ヶ月でも比較的暖かいこの日に、睨み合いは終わりを告げた。だしぬけに、背の高い、筋肉隆々の土着民が木立の間から現れ、近づいてきた。ピルグリム・ファーザーズは急いでマスケット銃を手にとった。一行が驚いたのは近づいてくる男の姿が異様だったからである。男はほとんど裸だった。一行は後に「素裸だった」と言っている。わずかに腰に皮帯をまとい、人間の手の幅ほどの帯の縁が急所を隠しているだけだった。弓と矢を二本持っており、髪を背中に長く垂らしていたものの、額は剃っていることに、ピルグリム・ファーザーズは気がついた。こんなものはイングランドでは見たこともなかった。

このインディアンの姿だけでもピルグリム・ファーザーズにとっては驚きだったが、一行が何よりも仰天したのは、この後に起きたことだった。男は近づき、立ち止まり、そして叫んだ。

「ようこそ《ウェルカム》！」

きれいで、完璧な英語だった。さらに驚くべきことに、男は、またまたピルグリム・ファーザーズたち自身の言葉で流暢に訊ねた。

「ビールは無いか？」

そう、ビールである。

これは事実である。もっともこれを読んでいるあなたはおそらく知らないだろう。教科書にも、感謝祭用の特別テレビ番組でもまず触れられることはないからだ。しかし、この話は『モートの記述』（訳注＝ニュー・イングランド、プリマスの入植地の起源と発展の記述または日誌）と『プリマス・プランテーションについて』に記されている。この二つはピルグリム・ファーザーズの話についての第一次史料だ。この土着民は名をサモセットといい、ニュー・イングランド沿岸を往来するイングランド船に乗り組んで英語をマスターした。ということをピルグリム・ファーザーズはかれの身の上話から知った。サモセットはイングランド人が気に入り、そのやり方に慣れ、そしてどうやらイングランドのビールへの嗜好を育てたらしい。かくてサモセットとその無口な相棒スクワントは、ピルグリム・ファーザーズが宿命として生きることになる壮大な冒険の一端を担うことになる。

それだけではない、ビールはピルグリム・ファーザーズの物語に、決定的役割を果たしつづける。例えば、ピルグリム・ファーザーズが上陸して、歴史的な入植地の建設を決断するにいたる、その過程を見てみよう。

一行がイングランドの岸を離れた際、「メイフラワー号」の乗客たちは航海中船上で飲むためのビールをたっぷり積んでいた。この貴重な飲み物の管理は、ロングフェローの叙事詩の主人公として有名なジョン・オールデンだった。しかし、ニュー・イングランドに着く頃には、ビールの在庫はとりかえしがつかないまでに少なくなっていた。このことは不吉な災難と考えられた。かれらにとってビールは、単に飲めば楽しくなる飲み物というだけではなかった。ビールは薬として重要な性質を備えており、新世界で必要になると信じていただけでなく、当時のほとんどの人間の例に漏れず、一行は水を飲むのを恐れ、その代わりにビールを飲んでいたからだ。一七世紀のヨーロッパでは膨れあがる各都市が付近の河川を汚染し、その水を飲んで死ぬ例も無いわけではなかった。人びとはほとんどの水は危険だと信ずるにいたった。一方、ビールは清潔で、健全だとみられた。当時の人びとは知らなかったわけだが、ビール醸造の過程で沸騰することと、醸造してできるアルコールが汚染された水を殺菌していたのだ。

したがって、ピルグリム・ファーザーズが「メイフラワー号」を降りて沿岸での新生活建設を急ぐはめになったのは、一つにはビールの欠乏からだった。一行がニュー・イングランドに着いたのは一一月末だったが、入植地建設に適した場所を探すのに、それからひと月近くを費している。この不安な探索の時期について、ウィリアム・ブラドフォードは後に次のように書く。

「ビール、バター、肉をはじめとする食料品はまだいくらか残っている。が、これらはたちまち底をつくであろうし、そうなれば我々の暮らしを支えるものは何もない」

蓄えがまさに底をつこうとしたちょうどその時になってようやく、一行は入植に適すると思われる土地を見つけた。これについてのベドフォードの記述。

「そこで朝になると、神に指示を仰いだ後、我々は決断を下した。これから上陸し、我々に最も適していると思われる二ヶ所の土地をよく調べてみる。というのも、これ以上探索と比較に時間をかけていられなかったからである。我々の食糧はかなり減っていた。とりわけビールである」

こうしてマサチューセッツ州プリマスの基礎が据えられたのだった。

ピルグリム・ファーザーズが最初に建設した恒久的な建物が醸造所だったことは、その物語におけるビールの重要性を証明している。グレッグ・スミスがそのすぐれたビールの歴史の中で書いているように、「ビールが決定的に不足していたことから、プリマスの最初の冬に建設された中でも、ビール醸造所は最優先のものの一つだった。ピルグリム・ファーザーズの蓄えが足りないわけではなかったが、醸造の必要はさしせまっていた。ヨーロッパからエールを運んでいたのでは間に合わないほど、この小さな入植地の人口は急速に増加したからだ。入植者たちが耐え忍ばなければならなかったさまざまな困難の中でも、ビールの不足が何よりも忍びがたいものだった」

同様の経験を避けるために、一〇年後、一六三〇年にニュー・イングランドに渡ったピューリタンたちは、念には念を入れてビールを十分に確保した。かれらが乗った五隻の船の一隻「アルベラ号」だけでも、四二桶《タン》のビールを積んでいた。一桶《タン》は二五二ガロンに相当するから、少なくとも一万ガロンのビールが、ニュー・イングランドへむかうピューリタンたちを元気づけたわけだ。そして、かれらがボストンと呼ぶ新しい町を造りはじめた時、最優先で建てられたものの一つはやはりビール醸造所だった。

さて、ここで私が言いたいのは、ピルグリム・ファーザーズの冒険や、その後の新世界における清教徒《ピューリタン》の入植において、多少とも重要なことにはすべてビールが関わっていた、ということではない。それはありえない。それでもなお、そこにはビールがあったのだ。当時の人びとはビールを愛し、また必要としていた。そしてかの父祖たちがくだした決定の大半にあって、ビールは優先事項の一つだった。言い換えれば、ビールがそもそもの動機となり、かの人びとのふるまいを決めたものだった。それもただ飲めば楽しくなるからというだけではない。当時の、私たちの父祖が必要としていた健康と栄養と清潔をもたらすからだったのだ。

人類の歴史の初めからまったく同じことが言えるのである。ビールは文明形成の一環を担ったし、様々な文明においてビールが決定的な判断の条件となったこともよくあるのだ。それどころか、ある教授の言を信じるなら、人間がそもそも文明化されたのはビールのおかげということになる。だから過去の歴史から大々的にビールが抜け落ちていることを修正し、ビールが果たしてきたはずの役割を考察するために、ここで少々寄り道をしよう。ビールが残してきたものを垣間見ることは、後のギネスの栄光を探索する上で大いに助けになるはずだ。

ビールが文明を生んだ？

現代の醸造所にたち並ぶ、しみ一つないステンレス・スチールの容器の谷間を歩くとそうは思えないかもしれないが、ビール醸造は比較的単純な作業だ。穀物、何でもいいが普通は大麦を湿らせて芽を出させる。発芽した大麦はすばやく乾燥させられる。これが「麦芽」の状態だ。次に麦芽は過熱すなわち焙燥される。どれくらいの時間焙燥するかで、できあがるビールの色が決まる。ギネスのような黒いビールの醸造では当然重要な要素だ。焙燥された麦芽は「マッシュ」される。つまり麦芽を湯に浸して混ぜる。麦芽内にできた澱粉が糖分に変わる。この糖分は醱酵に欠かせない。これにさらに水を加える。基本的には糖分を洗い流し、残りは「麦汁」となる。どろりとして甘い液体だ。麦汁を煮沸し、普通はホップの乾燥させた花を加えて風味をつける。長い歴史の中では、ビールに風味をつけるには人類に知られるかぎりの、ほとんどありとあらゆる種類の果実、香料、蜜が使われてきている。

次にホップを加えた麦汁に酵母が加えられる。ある醸造家の表現を借りると、酵母は醸造過程というパーティーになだれこんだ男子学生の群れのようなものだという。酵母は麦汁とホップの混合液にとびこんで、食いあらし、屁をこき、増殖することに精を出す。ここからアルコールと炭酸ガスが生まれ、ホップで味付けされた甘い麦汁がビールになる。

これがビールの製法で、これを知っておくと人類の歴史の黎明期にどうしてビールが生まれたのか、想像しやすくなる。偶然の賜物というのがおそらく真相だろう。とはいえ、どうしてそういうことが起きたか理解するには、人類発祥についていささか学ばなければならない。

私たちの最初の祖先たち、歴史の黎明期に生きていた人びとが暮らしていたのは「肥沃な三日月地帯」と呼ばれる地域だったことはほぼ確実だ。現在のエジプトの地中海沿岸から北上し、トルコの南東端に触れてからイラクとイランの国境地帯を南下する、円弧状の一帯である。この地域がこう呼ばれるのはもっともな話で、特に歴史時代の初期にはその土壌は肥沃で、実り豊かな広大な一帯は狩りの獲物にもあふれていた。ほとんどありとあらゆる種類の生命にとって理想的環境だった。とりわけ野生の大麦小麦が繁茂していた。

歴史家たちの理論が正しければ（ただし、正しくないことの方が多いくらいなのだが）、この地域には当初狩猟採集民の群れが行きかい、豊富な野生動物を狩り、いくらでも生えている食用穀物を集めていた。やがてこの放浪民たちは広い地域で手に入る穀物からパンを焼くことを覚え、そして歴

ギネス貯蔵館内の焙燥した大麦

史家たちによれば、これがビールの発見にほぼ直結する。

この発見もまた一連の偶然の産物だったことはまず確実だ。初期の人類は大麦を収穫することだけでなく、これを陶製の壺に貯蔵することも覚えたはずだ。ある時点で、収穫した大麦を入れたこの壺を外に置き忘れ、雨にさらしてしまった者がいただろうと誰でも想像はつく。もちろん大麦を濡らせば麦芽への過程が始まる。私たちの祖先の一人、この女性をノンナと呼ぶことにしよう。ノンナがある朝起きると、前の日に何時間も骨折って集めたご自慢の成果がぐっしょり濡れてしまっているのを見てがっくりする。が、一方でこの貴重な穀物をいくらかでも救おうとする。ノンナは大胆な実験精神に富んでいたし、穀物は一粒でも無駄にはできないから、これを乾かそうと、広げて太陽にさらす。当然その結果として麦芽ができる。この麦芽からパンを焼いてみると、そのパンはこれまでノンナが焼いたどんなパンよりも遥かに甘いと一家のみんなが言う。

さてこの雨に濡れて太陽で乾いた、いわば天然の麦芽がもう一度雨に濡れたとすると、できあがるのは麦汁にきわめて近いものになるはずだ。麦芽の天然の澱粉は糖分となって水分に溶けだしている。次にノンナが甘く粒々の多いこの液体の入った壺に蓋をしないでおくと、空中にある天然の酵母が仕事を始め、やがてノンナの壺には、ぶつぶつと泡立つものがいっぱいになる。ノンナはこれを味見してみる。友人たちにも飲ませてみる。そして結局、飲むと軽く酔いがまわる、なかなか味わいぶかいこの液体はもう一度作ってみるだけの価値があるとのことで、皆の意見が一致する。好奇心と実験、そして快楽は何世紀にもわたって各々なすべきことを果たし、やがて時に磨かれた原始的なビール醸造法を人類は編みだすことになる。

ペンシルヴァニア大学にソロモン・カッツという教授がいる。かれはビールの進化はまさにこの通りだったはずだと信じているだけでなく、初期人類が狩猟採集生活をやめ、都市の建設にむかうのはまさにビールの発見が原因だった可能性があるとも考えている。カッツ博士は言う。

「アルコールを安定して供給する方法を初めて発見したことは、より効率的にアルコールを作るために、それに必要な種子を定期的に入手しようとするひじょうに大きな動機になった、というのが私の主張です」

つまり、初期人類はビールを造るために、野生の大麦だけよりも多い生産量を見込んで大麦の栽培を始めた、というわけだ。

そして大麦の畑の近くにいなければならないから、一ヶ所に定住することになり、生活共同体の規模が拡大しはじめ、これがやがて都市へと発展し、文明と呼ばれるようになる。「文明(civilization)」という単語は文字通りには「都市に住むこと」を意味する。かくてカッツ博士は人類が野生の地から都市へと移り、古代世界の大文明を建設しはじめる第一の理由はビールだった可能性があると信じている。

ビールを飲むことは文明人の証

そう信じたのは博士が最初ではない。古代シュメール人ならばカッツ博士の言うとおりだと認めたはずだ。ペルシャ湾最深部にあたるシュメールは人類の歴史が始まった(紀元前三四〇〇年頃、ここで文字が発明されたことが大きい)ところだ。そこでは、ビールと文明との結びつきは理論ではなく、周知の事実だった。文明誕生はビールのおかげということは、『ギルガメッシュ叙事詩』と呼ばれる史上最初の偉大な文学作品に、韻文の形でうたわれている。この叙事詩については学校で習った気もするという方もおられよう。私もおぼろげな記憶があるが、その記憶の中ではビールは出てこなかった。ところが、明らかにビールが出てくるのである。ギルガメッシュは紀元前二七〇〇年頃に統治したシュメールの王で、その生涯からは無数の神話が生まれ、この神話はシュメール人だけではなく、アッカド人やバビロニア人にもひじょうに人気があった。叙事詩はギルガメッシュとその友エンキドゥの冒険を物語る。エンキドゥは人間に似ていなくもない野人で、生まれた当初は原野を裸で走りまわっていた。やがてかれはある若い女性に文明人としての生き方を教えられる。この女性はとある羊飼いの村にエンキドゥを連れてゆき、そこでかれは文明人として生きる最初のステップを踏みだす。

その前に食物が置かれた
その前にビールが置かれた
エンキドゥは食物としてパンを食べることを知らなかった
ビールを飲むことを教えられたことはなかった
若い女がエンキドゥに話しかけた
「食べ物をお食べなさい、エンキドゥ、人は食べて生きるのです
ビールをお飲みなさい、それがこの国のならいです」
エンキドゥは満腹するまで食べた
ビールを飲んだ――七杯も！――そしておおいにくつろいだ
そして喜びの歌をうたった
上機嫌になり、顔は輝いた
毛むくじゃらの体を水で洗った
そして油で体をこすると、人間になった

明らかにシュメール人は文明建設にビールが一役買ったと考えていただけでなく、ビールはまた文明化された人間には欠かせないとも考えていたのだ。シュメール人がそう考えていたのは、カッツ博士の主張が正しいからということは大いにありえる。つまり、人間が狩猟採集生活をやめ、都市を建設しはじめたこと、そしてそれがさらに人類の歴史のはじめの偉大な都市国家へとつながったのは、少なくとも一部はビールのおかげだったのだ。

こう言うと極端と思われるかもしれない。けれども、もう一つ、学校の歴史が教えそこなった事実をあらためて勘定に入れるならば、むしろ筋が通る。古代世界にあってビールは神聖なものとされていたのだ。正直、そう言われてもなるほどと思える。古代人にとってビールができることは奇蹟にも近いものだった。今でもその感覚はたいして変わらない。キリスト教以前のものの見方では、ビールができるのは様々な神々からの贈り物に思えたはずだ。ユダヤや後のキリスト教徒のとらえ方からすれば、これは唯一神の創造の賜物だ。すなわち誰にとってもビールの醸造は宇宙の神秘との聖なる共同作業にみえるにちがいない。ある醸造家が言うところでは、かれはビールを醸造しているわけではない、むしろ醸造が行われる条件を整えているだけだ。大麦を濡らすと一歩下がって待つ。麦芽になる。麦芽を乾燥させ、焙燥し、水を加える。それからまた一歩下がって、澱粉が糖分に変わるのを待つ。糖分のついた粒を洗い、煮沸し、できたものにホップを加え、それからこのホップ味の砂糖水を酵母がビールに変えるのを待つ。ビールの醸造作業をしている時の方が教会にいる時より神を身近に感じる、とこの醸造家は言う。醸造作業をしていると、造物主の秘密のわざに自分も参加しているように感じられるからだ。

これと同じことを古代シュメール人たちも感じていた。つまりビールは宗教的畏敬の対象だった。ビール醸造は神聖であると深く信じていたので、神殿以外の場所では行ってはならないと決めていた。この決まりからも、神々にまつわる神話や信条がたくさん生まれた。シュメールの神々のほとんどが多かれ少なかれビールとの結び付きを持っていた。例えば人類最古のビールの造り方として伝えられているのは「ニンカシ讃歌」という詩の形である。神話に出てくるサブ山に住むシュメールの女神を讃える歌だ。

バビロニア人は異文化を模倣するのに熱心だったが、シュメールのこのビール神話の体系もとりいれた。ビールを意味するバビロニア語「カッシ（kassi）」はシュメールの女神ニンカシから直接来ている。ただし、バビロニア人はシュメール人の想像を遥かに超えるところまで、ビールと神話の合体を進めた。バビロニア人にとって、神々への第一の捧げ物がビールだったのだ。それぞれの神ごとに、独自のビールが定められていた。神聖なるビールが最後の一滴にいたるまで適切な方法で、間違いなく醸造されるよう、膨大な僧侶群が奉仕していた。バビロニア人は神々の怒りを恐れてビールの醸造が正しく行われることに神経を使い、とうとう人類史上初のビール製造を管理する法律まで作った。下手な醸造をした者には死罪が宣告されることもあった。

シュメール人とバビロニア人がビールの地位を宗教として崇めるまでに高めていたちょうどその頃、エジプトのすぐ南のヌビア人たちも豊かなビール文化を生みだしていた。これによってビ

ホップは蔓性の植物

ールの発見が複数の場所で同時発生的に行われたことがほぼ確実になるだけでなく、アフリカ人がビール醸造の独自の技術を早くから持っていたことも確認できる。このことは重要だ。アフリカが独自技術をもっていることは、こんにちにいたるまでこの地域に明瞭に見てとれる。ヌビア人はビール醸造に例外的なまでに秀でていた。ビールを意味するヌビア語「ボウサ」はわたしたち現代人のことば「ブーズ（酒）」の語源だ。かれらは標準的なビール（「ヘクッティ」と呼ばれた）だけでなく、「ヘス」または「ヘク」と呼ばれる香料入りのビールも造っていた。後者はこの種のものとして最古のものである。

神々に愛されたビール

とはいえ、すべての古代文明の中で、ビールをその宗教的世界観の中心に据えたという点ではエジプト人の右に出る者は無い。このことはビールの起源を説明するためのエジプト人の神話に明らかに見てとれる。農業と来世の神オシリスは水と麦芽を混ぜたのだが、これを太陽のもとに置き忘れた。この粥状のものが醱酵していることにオシリスは気がつく。飲んでみてあまりに気に入ったので、神はこれを贈り物の一つとして人間に与えた。こう聞けば、これが人間によるビールの発見をほとんどそのままなぞっていることがわかる。もっとも古代の神話とはもともとそういうもの、人間の経験を大きく誇張したものだ。だから神話を見れば、古代世界が生命とビールをどのようにとらえていたか、うかがうことができるのである。

エジプト人の文化ほどビールを宗教に深く織り込んだものは無い。ビールは神殿での儀式の一部として消費され、供物として献げられた。醸造過程の各段階にそれを司る神々があり、時にはたがいに区別がつかないほどだった。ビールを発見したのはオシリスとされているが、これを最初に人間に与えたのは自然の神イシスであるとエジプト人は信じた。そして醸造の全過程を発明したのは喜びの女神ハトルとされた。そしてデンドラ神殿の碑文で「ビールを造る女神」とされたメンケトがいる。もうキリがない。聖なるものとしてのビールの崇拝は徹底していて、ビールに関する人間の行為には、穀物の栽培から最後にこれを消費する儀式まで、ありとあらゆる段階にそれぞれの神が必要とされた。

それだけでは終わらない。エジプト神話のあるエピソードでは、ビールが全人類を救ったとされている。このことからエジプト文明でビールがいかに重要視されていたのか、うかがうことができる。太陽神ラーはある時、人類が自分に対して陰謀を企んでいると信じるにいたったらしい。

ラーは敵たる人類を懲らしめるため女神ハトルを遣わす。が、しばらくしてハトルの怒りがいかに激しいものになるかを思いだし、人類に哀れみを覚える。ラーは膨大な量のビール、壺にして約七〇〇〇個を醸造しようと決める。造ったものを赤く染め、そして広大な土地に撒いたので、これは鏡のようにものを映しだした。血なまぐさい任務にむかっていたハトルはこの上を通り、そこに映った自分の像にうっとりして、舞い降り、ビールの一部を飲む。女神はこれで泥酔して任務を忘れてしまったので人類は救われる。

神話を別にしても、エジプト人はビールの歴史のはじめにおいて最も重要な貢献を一つしている。醸造酒が健康に良い効果を持つことを探求した最初の文明だったのだ。『エーベルス・パピルス』中にある、古代エジプトの『医学年鑑』に相当するものの中には、ビールを薬としている処方が約七〇〇種類存在する。エジプト人から見れば健康と福祉にとってビールは不可欠であったから、紀元前三〇〇〇年にはすでに『死者の書』の中で、死後の世界への旅の必需品としてビールがあげられている。エジプトのファラオの墓に必ずビールの桶を考古学者たちが発見するのは、このためだ。

少し脇道にそれるが、ここまで述べてきたビールを飲む際には、グラスではなく、大きな桶から葦《あし》の管、原始的な形のストローが使われていた、というのはなかなか興味深い。コップやグラスが発達するのは、普通考えられているよりもずっと後の話で、歴史のはじめの頃の人びとはビールを飲もうとすると共用のビール桶に葦の管を突っこむのが普通だった。葦の管は必需品でもあった。というのは、醸造方法自体が後代のものほど洗練されておらず、ビールの上層には砕かれた穀物が厚く浮いていたためである。この見苦しく、臭いどろどろの下から旨い醸造酒を飲むのに、古代人は葦の管を使った。これが事実であったことは、メソポタミアのテペ・ガウラで発見され、紀元前四〇〇〇年頃のものとされる印章で確認されている。そこにはほとんど肩の高さにまで達する桶から、ひどく長い葦の管で何かを飲んでいる二人の人物が描かれている。桶はひどく高いので、二人は飲むために立ったままでいる。これがかなり長い間、エジプト人の風習であったらしい。紀元前四三四年になっても、ギリシャの歴史家クセノポンはその著書『アナバシス』の中でこの飲み方を書いている。

「飲み物としてはビールがあり、水で薄めないとひじょうに強いが慣れるとなかなかいける。かれらはこれを容器から葦の管で飲む。表面には大麦が浮いているのが見えた」

エジプト人がここまでビールにとり憑かれていたことは、現在の私たちにとって重要である。というのも、これによって西洋の醸造の歴史全体の方向性が形作られたからだ。紀元六一年から一一二年に生きたローマの歴史家小プリニウスは、エジプト人が醸造をギリシャ人に教え、ギリシャ人が今度はローマ世界にその知識を伝える過程の詳細な記述を残している。ギリシャ人は歴史の上では普通ワインとの結び付きが深いが、一方で文化の産物の一つ、健康の源であり、そしてもちろん純粋に飲んで楽しいものとしてビールにも関心を抱いていた。ギリシャの歴史家ヘロドトスは紀元前四六〇年にビールについて詳しく書いているし、演劇の父ソフォクレスは健康生活に欠かせないとして毎日ビールを飲むことの価値を広く説いてまわった。ギリシャ人がエジプト人から受け継いだこのビールへの嗜好と醸造の技術はローマ帝国の肥沃な土壌に根付き、かくて現在に続く西欧文明に贈り物として伝えられた。プリニウスは紀元一世紀に、ヨーロッパには二〇〇種類以上のビールがあると推定している。これだけ熱心に醸造が行われたのは、一つにはローマではビールが力とエネルギーをもたらすと信じられたためだ。兵士は戦闘の前にこれを飲み、アスリートはガロン単位でこれを消費した。ビールを意味するラテン語「セレヴィシウム(cerevisium)」が「力」を意味するのは、そのためだろう。

古代イギリスの醸造

物語はいずれアーサー・ギネスのアイルランドへと私たちを導くわけだから、ローマ時代以前にブリテン諸島でビール醸造が行われていたと述べておくことは重要だろう。私たちがざっと見てきた他の地域と同様、同時発生的に独立した形でここでもビールが発見されていたと思われる。紀元一世紀に、ギリシャ人薬学者ペダニウス・ディオスコリデスが薬効のある新たな物質を求めてローマ帝国内全土を旅した。ブリトン族とヒベルニ族(アイルランド人をローマ人が呼んだ呼称)の土地へ行った時、かれらが大麦からエールを製造していることを記録している。これは「キリム」「コウルム」「コウルミ」など様々に呼ばれており、紀元一世紀のアイルランドの叙事詩『クーリーの牛取り』にも出てくる。この物語《サーガ》はアルスター・サイクルと呼ばれるアイルランド神話の中心となる話だ。アイルランドの偉大な伝説の一つであるこのサーガで、アイルランド王コンコバル・マク・ネッサはこのキリムを飲みすぎたあまり「その場で倒れて眠ってしまった」。

ビールvsワイン

キリスト教会の歴史の中で後にアルコールをめぐる論争が勃発することを考えると、キリスト教が誕生し、やがて帝国を支配するようになっても、ローマ人たちのビールへの嗜好が衰えなかったことは興味深い。使徒たちが繰り返し説いたように、初期キリスト教徒にとって罪となるのはアルコールの摂取ではなく、深酒だったからだ。つまるところ、キリスト教の神はとある結婚式の宴で奇蹟によってワインを創りだしたのだし、生まれたばかりの教会では聖餐式にワインを飲んでいたし、キリスト教の指導者たちは病気を治すのにワインを飲むよう、弟子たちに教えることまでしていた。適度な量であれば、ビールとワインは初期のキリスト教徒たちも歓迎したし、ごくあたりまえのものと受け止められていたのは明らかだ。キリスト教徒が反対したのは、飲みすぎと泥酔、そしてこの二つを原因とする風俗の乱れだった。キリスト教徒がアルコールをこのように肯定的に見たことで醸造自体が促進されたことはほぼ確実である、と述べている歴史家は多い。節度をもってビールを好むことが認められたわけだし、また度数のより高い飲み物に代わるものとしてビールが歓迎されたからだ。ビールを発見したのはキリスト教徒だと信じたくなるほどにビールはキリスト教信仰の歴史に深く織り込まれているという事実もこの理論を支持する。深い信心と節度をもってビールを飲むということに限れば、まさにキリスト教徒がこれを発見したと言っても言い過ぎではないかもしれない。

聖人がおこした奇蹟

キリスト教徒がその理想をもってローマ世界を席巻し、ローマの外の世界に福音を広めるに際してもビールは大きな役割を担っていた。例えば五世紀になろうとする頃、聖パトリックは未開の異教の地であったアイルランドにキリストの福音をもたらした。その傍らには常にメスカンの姿があった。この偉大なる聖人専属の醸造の名手である。パトリックは神のもてなしとはどういうものかわかっていて、アイルランドの族長たちの多くを改宗させるに先立ち、その旨いビールでかれらを味方につけていったらしい。そう、その通り、アイルランドをキリスト教圏に引き入れるにあたっては、ビールが一役かっていたのだ。ビールはまた、この大聖人が見せた奇蹟にも一役かっていた。伝説によれば、パトリックがタラの王と会食した際、「魔法使いのルカトメイルがパトリックの壺《クルーズ》（「ピッチャー」を意味する古英語）に毒を一滴入れ、これをパトリックに手渡した。しかしパトリックはこのクルーズを祝福してから逆さまにした。すると毒はそこから滴り落ちたが、エールは一滴も落ちなかった。そうしてパトリックはエールを飲んだ」。

中世のキリスト教徒にとってビールがいかに重要だったかは、カトリック教会がビールの守護聖人をあれほどたくさん認めていることからも推測できる。この守護聖人の筆頭は聖アルノーまたはアーノルドで、「人間の汗と神の愛からビールが創造された」と言ったと伝えられている。もっともかれの列聖につながった奇蹟はその死後に現れた。紀元六四〇年に亡くなると、故郷の町の人びとはアルノーが隠遁生活を送っていた修道院に遺体を引き取りにでかけた。故郷までは遠く、アルノーの遺体を担いでいた友人たちはくたびれて、現在のフランスのシャンピニュの村で一休みした。ビールの一杯にありつけるものと期待したのだ。ところが村中探しまわっても、みつかったビールはマグ一杯分だけだった。そこで全員が一口なりとすすれるように、とにかくこれを回すことにした。驚いたことに、誰もが好きなだけ飲むことができ、それでもビールは尽きることがなかった。人びとはアルノーが墓の彼方からこの奇蹟を起こしてみせたのだと信じるにいたった。そこで教会もアルノーをビールの守護聖人としたわけだ。

もちろんビールに縁のある聖人は他にもいた。聖バルトロメオは蜂蜜酒愛好者の守護聖人、というよりも蜂蜜から醱酵させたビールを飲む人びとの守護聖人と言うべきかもしれない。癩《らい》病患者収容所で働いたことで有名なアイルランドの聖ブリジッドはある時、癩病患者たちもビールを味わえるように風呂の湯をビールに変えてくだされと神に頼んだ。カトリック教会によれば神はこの願いをかなえ、よってブリジッドは聖人と認められた。さらに聖コロンバヌスがいる。ある時かれは一樽のビールをその神の偶像に犠牲として捧げようとしている異教徒の集会に行きあった。かれらはこの樽を聖なる火で燃やそうとしていたのだが、コロンバヌスはそこで説教を始め、やがてビールの代わりに偶像が燃やされることになった。その後でコロンバヌスは異教徒たちに、ビールを正しく飲むには、まず真の神に感謝しながら受けとらなければならないと説いた。右にあげた人びとは全員が列聖され、その伝説はすべて中世の世界観の一部を形づくることになる。

ローマ皇帝も愛したビール

ビールはまた神聖ローマ帝国誕生の際にも供奉《ぐぶ》していた。これには皇帝シャルルマーニュがビールを愛し、その版図全土でビールの品質を改良することに精を出したことが大きい。ヨーロッパのほぼ全土を征服し、芸術、宗教、文化を再生しながら、シャルルマーニュは帝国内の醸造業者の地位を引き上げ、醸造科学上の技術革新を支持し、さらには醸造に関して諮問するための一種のシンクタンクまで設けた。醸造主任は歴史上聖ガルスとして知られる人物で、ビールが好きなケルト族聖職者の地位を捨て、シャルルマーニュの麾下《きか》に加わったばかりだった。聖ガルスは醸造事業を行うにあたって数々のケルト的アイデアを持ち込み、醸造過程のほとんどあらゆる段階で精度を高めた。シャルルマーニュの改革に加えて、キリスト教圏全土の修道院が精を出した結果、ビールの醸造業者兼卸業者として教会がトップの座を占めるようになった。地元の宗教指導者にコネをつけることがビールを最も確実に手に入れることだと、人びとはやがて気がつく。宗教行事で提供されるビールが「教会エール」と呼ばれるようになるのにたいして時間はかからなかった。ここからは新語がいくつも生まれるが、その一つが「結婚の（bridal）」で、元々は「花嫁のエール（bride ale）」から来ている。新婦が結婚の引出物として出したビールのことだ。

シャルルマーニュがビール醸造を支持したことで、ただでさえ活発だった中世キリスト教会のビール文化はますます盛んになり、どんなにおおげさなことを言っても誇張とは言えないほどになった。教皇グレゴリウスからアイスランドの大司教ニドロシエンシに宛てた手紙はその一例である。この中でグレゴリウスは当時の教会では聖水ではなくビールで洗礼を受けた子どももいたことを述べている。これは十分ありうることだ。というのもビールは水よりも清潔だったし、洗礼役の聖職者にとっては聖水よりもビールの方が簡単に手に入ったからだ。それでもこのグレゴリウスの書簡は当時の教会が文字通りビール漬けだったことを象徴している。

修道会組織の勃興はキリスト教のビールとの結び付きをさらに強めることになった。修道会は社会奉仕の一環としてビールを醸造した。ビールは水よりも健康に良い飲み物だったし、強い酒の代わりに人に勧められるものだったからだ。さらに加えて修道院事業が必要とする資金を調達するためでもあった。当然のことながら、修道僧自身のビール消費が笑い話のネタとされることも少なくなかった。当時の戯れ歌にこういうものがある。

カプチン会の坊主はけちけち飲む
ベネディクト会ではたっぷり飲む
ドミニコ会では壺がどんどん空になる
が、フランシスコ会だと酒蔵が空になる

ビール売買の教会による独占が続いていたことは確かだが、それ以外の醸造元もやがて現れはじめた。農家の主婦たちは家族用に昔からビールを造っていたし、同様に城の厨房に仕える人びとは主人たちのためにビールを造った。これは別に新しいことではない。一二世紀末になると、ゆっくりとではあるがビール商売にそれとは別の醸造主たちが現れだす。町や街道沿いに酒場や旅籠《はたご》ができはじめ、その多くが独自にビールを造ったのだ。自家製のビールを飲ませたこうした場所の一部は醸造業そのものを専門とするようになり、その一部はこんにちまで存続している。そして自家製ビールを提供したこうした場所を経営したのが女性の醸造家だった例が少なくない。この女性たちは「ブルースター（brewster）」と呼ばれ、北部ヨーロッパ一帯に急速に広まった。

自家製ビールを用意している飲食店や宿屋の爆発的増加に踵《きびす》を接して、西欧世界最悪の災厄の一つがふりかかった。一三四七年、ほとんど眼に見えない生物「イェルシニア・ペスティス」すなわちペスト菌が、おそらくはある鼠を宿主とし、この鼠がクリミアから北部ヨーロッパへむかうバナナ運搬船に乗った。その結果が黒死病であり、恐怖の四年間に四〇〇〇万以上の人びとが苦しんで死んだ。そんな苦痛の時代についてこう言うのは無情と思われるかもしれないが、黒死病がその後のビールと醸造業に及ぼした影響は驚異的と言ってもおかしくない。疫病流行後の数年間に、死の時期以前とほとんど変わらず繁栄していたヨーロッパの富を、劇的に数を減らした住民たちが分配することになったからだ。一四〇〇年、平均的労働者はわずか一世紀前の同じ仕事で得られた額の倍の金額をかせぐことができた。ということは可処分所得が増え、旅行の余裕ができたわけで、どちらもただでさえ栄えていたビール醸造業にさらに燃料を注ぐことになった。

ビールの町の誕生

財産が増え、旅行が流行するにしたがい、ヨーロッパ全土に市場や市《フェア》が雨後の筍のように現れた。そのすぐ後に酒場に宿屋、造り酒場や醸造専業の酒屋が続いた。イングランド南部だけでも、酒を飲める施設は一三〇〇年には事実上皆無だったものが一五七七年には一七〇〇ヶ所を越えていた。ということは毎週一軒の割合で酒場が新規開店していたことになる。同じ時期、ロンドンは市域内に三万五〇〇〇の人口を抱えていた。そこには三五四軒の酒場があり、さらに一三三〇軒のビール屋があった。住民二一人につき一軒、エールハウスか酒場がある計算だ。そして後にアーサー・ギネスを生む都市ダブリンでは、一六一〇年に発表されたある調査で、エールハウスが一一〇〇軒以上、造り酒屋と自家製ビールのパブが合わせて一〇〇軒近くあると推定されている。この数字はわずか四〇〇〇世帯しかない町での話だ。

醸造元の数がこれだけ劇的に増えたことで、醸造の質の水準に懸念がもたれるようになった。そのことは、イングランドの貴族たちがラニミードでジョン王にマグナ・カルタ署名を迫った際、その要求の一つが醸造水準の統一だったことでもわかる。もっともなことではある。当時のビールはこんにち私たちがビールと考えるものとはかけ離れていた。酵母は知られていなかったから、当然醱酵過程は空中の酵母に頼ることになり、醱酵が十分でないことも多かった。できるビールは気の抜けたもので、アルコール度数もひどく低かった。これを補うため、醸造家たちは香料で味付けした。胡椒が使われることさえあった。一二〇〇年代から伝わる記録に描かれたイングランドのビールが「どろどろ、ぶつぶつ、むかむか、ねちょねちょでくっさあ」というのはまさにその通りだっただろう。一五四〇年アンドリュー・ボードがあげている有名な詩も同じことを言っている。

吾はコーンワル（訳注＝イギリス南部）人、ビールを造るもの
それを飲めば糞が出て、嘔吐も出る
どろりとしていぶした匂い、味も薄い
まるで豚がころげまわった後の水のよう

ドイツの台頭

ヨーロッパの醸造所の数が増えつづける中で、品質改善のための醸造統制で先頭を切ったのはドイツだ。一四八七年、アルベルト四世公爵が定めた一連の基準は一五一六年の「ラインハイツガボート（Reinheitsgebot）」の基礎となった。「純粋令」と訳すのが一番良いラインハイツガボートは英語ではドイツ・ビール純粋令と呼ばれ、ビールの材料として水、大麦、ホップに限るとしたことで有名だ。酵母がここに加わるのはルイ・パストゥールが醱酵における微生物の役割を世に明らか

にする一九世紀まで待たねばならない。純粋令は実際にドイツ・ビールの品質を改善した。それがあまりに成功したために、ドイツの醸造所の多くはその品質がこんにちにいたるまで変わらないと主張している。ところがこのドイツの技術革新はイングランドには何の影響も与えなかった。ビールにホップを使うというアイデアにイングランド人はそれを汚染として禁止するという措置に出た。ホップに対するイングランド人の不満は一五二七年、こんな流行歌の形にもなった。

ホップ、宗教改革、ラシャにビール
イングランドに来たのはみんなそろって同じ年

ホップに対するこうした見方はその後も長く残る。

ルターとビール

純粋令のおかげでドイツのビールは世界でも最高のものになった。不幸なことにこれが起きたのは宗教改革の直前だった。宗教改革は教会の歴史の中でも突出してビールをほめ讃えるというプラスの影響と、当時世のビールの大部分を醸造していた当の修道院を閉鎖するというマイナスの効果を同時に生むことになった。一五一七年、ヴィッテンブルク城教会の扉に九五ヶ条の論題を打ちつけた時、こういう結果になるとはマルティン・ルターでも予想できなかったのだろう。

ルターの目的はローマ・カトリック教会を改革することであって、そこから絶縁することではなかった。しかし教会当局が断固とした姿勢で生まれたばかりのプロテスタント運動を潰そうとしたために、ルター側に残されたのは叛乱の火の手を煽《あお》ることでしかなかった。宗教改革の精神がヨーロッパ全土で人びとの心と魂を掴むにつれ、僧侶や修道女たちは誓約を破棄し、ローマ・カトリックの聖堂はプロテスタント教会になり、修道院は閉鎖され、それによってビールの生産量は減少した。醸造業の衰退によってマルティン・ルターがその改革事業を思い止まることはなかったにせよ、上質のビールが失われたことを大いに哀しんだことは確実だ。というのもキリスト教の歴史の上で、ルターはビール愛好家として大きな存在の一人だからだ。

歴史家ウィル&アリエル・デュランは『文明の歴史——宗教改革』の中で、ルターの時代には「ビールは一日一ガロンまで飲むことが認められていた。修道女においても変わらない」と書いているかの偉大なる改革家の生涯と著作においてビールがひじょうに大きな存在だったのはそのせいかもしれない。つまるところルターはドイツ人であり、ヨーロッパ人が最も好む飲み物がビールだった時代に生きていた。それだけでなく、偏狭で生活を疲弊させる宗教上の形式主義とみなしたものから解放されて、ルターはビールを飲む喜びを神の栄光にまで高めることもできる世界へと足を踏み入れていたのだ。ルターに言わせれば、活発なキリスト教徒としての生活にあってこそビールは最も味が良くなるのだ。

忘れてならないことに、ルターの故郷ヴィッテンブルクは醸造業の中心地の一つで、妻のカタリナはルターと結婚するために修道院を離れるまで、そこの熟練醸造家の一人だった。そして当時は結婚式から銀行業務にいたるありとあらゆる機会に、ビールに臨席の栄が与えられていた。ルターにとってはまことにありがたいことだった。ある友人を自分の結婚式に招く書簡にルターは書いている。

「私は木曜日に結婚することになった。……カタリナと私は貴殿にトルガウ産最高のビールを一樽送ってくれるよう、お願いする。贈られたビールが旨くない場合には、貴殿に全部飲んでいただくことになろう」

このお茶目な態度、大胆さ、そしておいしいドイツ・ビールへの熱愛はルターの面目躍如たるところだ。

神学をもととした苛酷な束縛から自らの魂を解放しようと苦闘する中で、ルターは首尾一貫して聖書に照らして新たに世界をとらえようと努めた。ルターは熱烈な聖書主義の観点にしたがって試問をやりなおし、適用しなおし、必要な場合には改革した。そして誰にも容赦しなかった。教皇から修道女や司祭たちにいたるまで、プロテスタント過激派から神の愛と威光のもとに精一杯人生を生きようとはしない人びとにいたるまで、例外は無かった。愚か者を簡単には許さなかったし、道徳的に行

マルティン・ルター

き過ぎることを恐れるあまり、この世で誘惑のもとになりそうなものは一つ残らず遠ざける人びとにも我慢がならなかった。ルターは書いている。

「虐待の対象を破壊することで虐待が排除されると考えてはならない。男はワインと女性で道を誤ることがありえる。では女性を禁止し、排除すべきか」

ルターはヴィッテンブルクの酒場でその生涯の大部分を過ごしたが、これは単にビールを飲むことが大好きだったからだけではない。ルターは酒場で弟子たちに指導を与え、研究し、重要な客と出会い、そして時には酒場を教室に変えさえした。酒場や旅籠《はたご》で過ごす時間は、当時の世界の現実を見て、実地に体験し、直接観察するチャンスだった。娼婦とおしゃべりし、酔払いを外に放りだすのを手伝ったことがあったはずだし、一杯入った夫婦間の口論の仲裁をいやというほどやっていた可能性もある。キリストの福音をもって改革することを天命とした、その対象である世の中について、ルターは酒場で学んだのだ。

ルターの有名な酩酊の定義は、ビールをめぐる生活から学んで過ごしたこうした時間から生まれたものにちがいない。かれは書いている。

「酩酊とは、舌が大言壮語し、理性が半分しか働いていない状態を言う」

もっともルターがこの定義にあてはまったことはまったくなかった。飲み過ぎたと言われたことは一度も無かったからだ。むしろルターはビールを飲むことは肉体に良く、社交の役に立つ、神からの贈り物であると考えていた。次のように断言したこともある。

「二〇年間休みなくミサで十字架にかけても神は私を赦してくださっているのだから、時おりは神を讃えて旨い酒を飲むことをお赦しになってもいいだろう」

改革者としてはルターの同僚であるジャン・カルヴァンもまったく同じように考えていた。歴史の中で私たちの眼に映るかれのイメージとはまるで正反対かもしれないが、ひょっとするとこちらの知識が足らないだけなのかもしれない。有名な『キリスト教綱要』の中でカルヴァンは書いている。

「我々が笑ったり、食事を楽しむことを禁じられているなどということはありえない……音楽を楽しみ、ワインを飲むことも禁じられてはいない」

ジュネーヴのこの偉大な改革家は次のようにも書いている。

「ワインを必要な時に使用することはもちろん、浮かれるために飲むことも許される」

ルター同様カルヴァンもまた、首尾一貫して聖書に基づく世界観を打ちだそうと努力を重ねた。カルヴァンはイエス・キリストの統治にその全生活を委ねることを望んだが、一方で誤った神学や宗教的な行き過ぎのために神の恩寵や賜物の一部を味わいそこねることも拒もうとした。カルヴァンもルターも、宗教改革以前の人生において、あまりにもたくさん、そうした実例を見過ぎていた。

「造物主自身が創造し、運命を定めた際と同じ目的に向けられるのならば、神からの贈り物を利用するに誤るはずはない」

とはカルヴァンの主張である。その古典的な小著『黄金の小冊子・真のキリスト教的生活』の中で、神は「地上の喜びを我々に良かれと造ったのであって、禍いとして造ったのではない」という考えをカルヴァンは展開している。

様々な種類の食物をなぜ神が創造したか……よく学んでみるならば、我々に必要なものをもたらすためだけでなく、我々の喜び、楽しみとなるものをもたらすことも同様に神の意図であることがわかる……というのも、もしそうでないとすれば、詩篇の作者たるダヴィデは神の祝福の中に「人の心を喜ばせるワイン、人の顔を輝かせるオイル」を数えあげることはなかったはずだからだ。

神の創造したものを楽しめ、十分に楽しむことは神の栄光を穢《けが》すものではないという、なかなか味のある宗教改革のこうした神学理論は、改革家たちの事業に続く数世紀の間に人びとの間に浸透していった。こう言うと、キリスト教の聖書主義をずっと後の歴史にあらわれる酒場反対同盟や禁酒主義と混同している向きは、おそらく驚いてしまうだろう。実際には宗教改革後のキリスト教徒の大部分は一世紀の教父たちが信じていたのと同じことを信じていたのだ。つまり、酩酊は罪だが、適度にアルコールを摂取することは神からの偉大な贈り物の一つである、と。

かくてジョン・ウェスレーはワインを飲み、エールの専門家と言ってよい存在で、かれが創始したメソジスト教会の説教師の報酬が、当時欠くことのできない通貨の一つだったラム酒で支払われるように調整することも頻繁だった。その弟チャールズ・ウェスレーは上質のポートワイン、マデイラで有名で、また家ではシェリー酒をよく客に出した。ジョージ・ホワイトフィールドの日記はアルコールを楽しんだ記事で埋まっている。ある書簡の末尾にホワイトフィールドは書いている。

「ラム酒の樽を送ってくれたかの親切な醸造家に感謝の念を伝えてください」

また別の書簡。

「ジョージア州のことは神が自ら裁かれるはずと思う。その件は先日下院に上程された」が、ありがたいことに「ラム酒の使用は認められた」。

植民地時代のアメリカで崇敬を集めた牧師で神学者のジョナサン・エドワーズもアルコールについての見解はほぼ同じである。かれの伝記作者エリザベス・D・ドッズによれば、エドワーズが育った家では、父親が「家の裏手の果樹園で造る林檎酒は地元で有名だった」。大酒飲みとは思われていなかったが、夕方家族と過ごす時にも、夜、説教を準備する時にも、エドワーズがパンチのグラスを手元から離さないことは、友人の間でよく知られていた。

となると、ビールを造っていたヨーロッパ各地の修道院が宗教改革によって多数閉鎖されたことでビールの生産量は一時的に減少はしたものの、一方でビールを神からの贈り物と宣言し、その適度な飲用を提唱したことにより、宗教改革がまたビールとアルコール飲料の大義を支えることになったのは明らかだ。これによってやがてビール醸造は回復し、さらには崇高な目的さえ獲得することになった。人間の生活を破壊することも多い強い酒に代わるものとしてビールを世界に提供するという目的である。

＊　＊　＊

さて、正直に申しあげて、本書のための調査研究を始めた時、この章でお読みになったことについて、私自身ほとんど知らなかった。学問研究の課程や読書では、世界の歴史でビールが果たした重要な役割についての予備知識はまったく得られなかったし、何世紀にもわたってキリスト教徒がこれほどビールを愛好してきたことも、これほどの信念をもって醸造の芸術を修得してきたことも、まるで推測すらできなかった。

したがって、いくつもの重要な事実をすでにわきまえている状態でアーサー・ギネスの生涯にあたることができた。ビールの歴史が堂々たるものであり、アーサーが生まれた時には、約一七〇〇年にわたってキリスト教信仰と複雑にからみあっていたことを、生まれて初めて理解したのだった。また、醸造は長い間立派な職業であり、これは一つにはビールが社会にプラスの貢献をしていたからであることも知った。人間は強い酒よりもビールを選んだのであり、それによって健康も改善された。ビールに含まれるビタミンB群は食事の貧弱な時代にあってはとりわけ重要だった。そして宗教改革後の数世紀にあっては、カルヴァンとルターが教えたように、神へ喜びを捧げるという明確な意味をも備えた。

こうしてそれまで知ることができなかったことを私は知った。歴史の中で進化してきた醸造技術、宗教改革による世界観の変化、それに一八世紀半ばの文化、人間が一財産築くことができ、しかもそれを人類の福祉のために使うことが奨励された時代の文化、この三つが一つに合わさることで、アーサー・ギネスという名の進取の気性に富んだ若者と、かれが造った抜きんでて旨い黒ビールのブランドにとって、完璧な舞台が用意されていた、ということを知ったのだ。となれば、すべきことは一つしかない。本を閉じ、荷物をまとめて、ダブリンの街へ、若きアーサーがこの世に足跡を残すにあたって選んだ街へ、私は旅立った。

第2章

ビール職人かつ社会変革者アーサー・ギネス

THE RISE OF ARTHUR

ダブリン市民は涙して語る

何年も前になるが、ロンドンのセント・ポール聖堂の壮麗な内部を歩きまわっていて、クリストファー・レンの墓に行きあたった時のことを、私はよく思いだす。この壮大な建物を設計したのはもちろんレンであって、一六六六年のロンドン大火の後、ほぼ完全にゼロから再建せざるをえなくなったロンドンで、レンはこの他にも五五の教会の設計を行った。レンの天才は一目瞭然で、それにも感動したが、さらに一層深い感動を覚えたのは、その息子の言葉だった。この偉大な建築家の墓の壁にはめこまれた銘板に刻まれている。

「これを読む人よ、かれの記念碑を求めるならば、周囲を見回されよ（Lector, si monumentum requiris circumspice)」

この言葉を私は忘れたことがない。充実した人生の墓碑銘として理想のものだと、よく思ったりもする。その人間の業績が誰の目にも明らかであり、本人が眠っているその場所からでもみえるほどであること。一人の人間に対してこれ以上の誉め言葉があるだろうか。人生の評価としてこれ以上のものがあるだろうか。

ずっと後になって、アーサー・ギネスの残したものをさらによく知るためにダブリンを訪れた時、頭に浮かんだのもクリストファー・レンの墓での体験だった。リフィー川のほとりにあって、人のあふれるかの街では、その本人、その会社、そしてこの二つが残したりっぱなものがどこへ行ってもついてまわる。当然のことながら、ギネスの有名な看板、アーサーの象徴的な署名が添

現在のダブリン市街

えられた看板がそこら中にある。同じくアーサーの、誰もが知っている肖像も、いたるところで眼に入る。広い額、鷲鼻、そして髪粉のかかった鬘という姿を刷りこまれていないダブリン市民は、今ではほとんどいない。

　しかし、アーサー・ギネスにとってのダブリンを、クリストファー・レンにとってのロンドンにしているのは、単なる広告だけではない。ほとんどあらゆる街路や区画に、その善行の遺産がもの言わぬ証人として建っているのだ。

　セント・パトリック聖堂の前を歩いてみよう。かの偉大な使徒がアイルランドで初めて、新たなキリスト教徒に洗礼を授けた場所に建てられたこの由緒ある教会は、一時ひどく荒れ果てていたのだ。その修繕がようやく可能になったのはギネスの寄付のおかげだった。その少し先には街中の美しい公園、セント・スティーヴンズ・グリーンがある。これもまたギネスが寄付したものだ。プロテスタントであるアーサー・ギネスを讃える銘板を掲げたローマ・カトリックの教会がいくつもある。ローマ・カトリックの権利をかれが率直に擁護したからだ。さらにまた、ギネスが建てた一連の住宅がある。ある建築家によれば、これらの住宅の質は高く、今から一〇〇年後でもしっかり建っているはずという。市の中心部に「リバティーズ」と呼ばれる一角がある。これはそもそもギネスの社宅として建てられたのだが、実に巧妙に造られているので、今ではダブリンでも洒落たものを好む階層が競って購入するようになっている。

ギネスの善行、ギネスが後に残した建物、制度、基金、公園、学校、サービスをならべていけば、それだけで何冊もの本ができる。この遺産については後ほどもどることにしよう。ただ、こうした石やカネでできた記念碑と同様に重要なものが、人びとの心のうちに生きている

当初ギネス社宅として建てられたリバティーズ

荷馬車の男

記念碑である。それまで冷ややかな態度だったダブリンのあるタクシーの運転手は、ギネスという社名を聞いただけで涙ぐんだ。かれによれば、祖母は若い頃、ギネスの医師による手厚い看護に命を救われたという。さらにはトリニティ・カレッジ・ダブリンの高齢の学者がいる。この人はほとんど毎日、感謝の祈りを捧げている。自分の一族が労働者階級から学問のある中流階級に上がれたのは、醸造所の幹部たちが父親の才能を認めて技術訓練以上の教育を受けられるよう主張し、会社が費用を負担してくれたおかげだというのだ。そして今では人気の著名学者であるこの人物は、かれの一族の運命を変えた度量の大きな伝統について、聞く耳を持つ人間には誰にでも語ってやまない。

さらにまた、ギネス工場の外で、馬に牽かせた荷車の傍らに立っていたみすぼらしい男がいる。大鋸屑《おおのこくず》と飼い葉にまみれて、めだつ恰好であることは本人も自覚していた。今は過去のものとなったギネスのある時代の形見として、おれの写真はあった方がいいんじゃないか、と男は言った。かれは若い頃ギネスで働いており、その頃のことをよく覚えていた。外見からすれば、不平不満を聞かされてやり場のない苦情をならべられると思うかもしれない。ところがかれは、ギネス時代がいかにすばらしいものであったか、あれは人生最良の時期だった、と私に語るのだ。ギネスで働けなくなってしまったことを哀しみ、かつて知っていた醸造所を流し去った時代潮流の変化にいささか腹を立てている。そう思っているのは自分だけではないと言う。今も昔もギネスは働くにはアイルランドで最高のところだと言い張る。また来てくれるよな、とも言う。

アーサー・ギネスの記念碑たるダブリン、アーサーが愛し、自分の居場所とさだめた街では、こういうものが見つかる。そこはギネス一族が善行の遺産を残すと決めた街である。繁栄するにしたがって同胞に奉仕した人びとの記録が石と感謝の形で見られるのはそのためだ。かれらは産業と神を讃える慈善事業の一大伽藍《がらん》をうち建てたのだ。

行政に立ち向かったアーサー

アーサー・ギネスの生涯のあるシーンが、私は好きである。本人ならばこんなシーンは選ばないだろうし、その生涯のわずかな記録の中からでも、これを選ぶ人は他にはいそうもない。私がこれを好むのはひょっとすると私がアメリカ人で、当然ながら、大人物や情熱的で衝突を恐れない人間が大好きだからかもしれない。アーサーの物語を書こうとして、その生涯の細かいところがわずかしかわからないことに、いささか窮屈な想いをしているからかもしれない。アーサーについてわかっていることが、ほとんど裁判や政府の記録の中にしかないことに飽き飽きしていることも大いにありうる。私は同世代のご多分に漏れず、ハリボテではない、中身のしっかり詰まったもの、単調な文書やまじめくさった肖像画から解放された人物像が欲しい。この肖像画は本人にとってむしろ牢獄になっていると私には感じられる。血肉を備え、きっぱりした足取りで現れて欲しい。

だからこそ、私はアーサーの生涯のこのシーンをお気に入りとして選ぶ。時は一七七一年。アーサーはダブリンに住み、後にその名を揚げることになるくたびれた醸造所をすでに買い取っている。そしていざこざが起きる。リフィー川から自分の所有地に水を引きこむパイプのサイズを拡大するため、どうやらギネス氏は独断で、あえて川の岩壁を破壊する挙に出たらしい。しかし、川は市にとって無料の新鮮な水であり、ギネスの取水量は市当局が適当とみなすものを超えていた。そこでダブリン市当局の役人たちは窃盗とみなす量の取水を止めるよう命じ、これに対してアーサーは、水は自分のものであり、「武力に訴えてもこれを守る」という意味の言葉を叩き返した。

ほうら、もうこの人物が好きになってきたでしょう。

緊張が高まり、とうとう市の担当者がやってきた。かれが率いていた作業員の一隊は、ギネスなるこの男が川に非合法的に空けた取水口を埋めるよう命令を受けていた。その時、アーサーは現場にいなかったが部下たちは強い態度で抵抗したので、担当者は投獄するぞと脅すにいたった。

部下たちが態度を軟化しはじめたちょうどそこへ怒りくるったオーナーが到着する。今に残る当時の記録によると、アーサーはすばやく状況を見てとると部下の一人が持っていた鶴嘴《つるはし》を掴み、「まことに不穏当な言葉で、作業はさせない……市当局が（取水口を）端から端まで埋めるならすぐにまた空けてやると（宣言）した」。

実を言えば話はここから先、ありきたりなものになる。訴訟が起こされ、結論が出るまで何年もかかり、その頃にはアーサー・ギネスはダブリンの醸造業者でも筆頭の一人として相当の地位を確保していたから、市の担当者風情がいばりちらせる相手ではなくなっていた。結局取決めが交わされ、ギネスは必要なだけの水を得るのに年額一〇ポンドというわずかな額を払えばすむことになった。

この鶴嘴が出てくる劇的な瞬間が貴重に思えるのは、アーサー・ギネスの生涯の他の部分はほとんどが捺印証書や訴訟に隠されてしまっている、偽りの伝説やアイルランドによくある神話の類に隠されてしまっている、と感じられるからだ。例の肖像画も真の姿を隠している。私のアメリカ人的感覚からすると、父祖たちの中でも退屈な人物の肖像のように思える。トマス・ジェファーソンなら街で会えば会釈もしようが、食事に招くようなことは絶対にない類の人物にみえる。だが、アーサー・ギネスはそんな人物では毛頭無い。そしてその真の姿を少しでも垣間見ようと努めることが重要なのは、かれが当時どういう人間だったか、そしてその後何世紀にもわたって一族を潤すことになる土台をいかに築いたかについて、より理解を深めることが可能になるからだ。

かれはだれの子か？

一九世紀初めのどこかでダブリンの波止場の噂話に耳を傾けたならば、アーサー・ギネスの父親についての話も耳に入ってきたはずである。この父親はゲニスという名のイングランド人兵士とこの男に惚れたアイルランド娘の間に生まれた私生児だという話である。話はそれだけでなく、リチャードというこの息子は成長してリードという一族の厩番《うまや》になると続く。噂によれば、ある晩リチャードはリードの娘、愛らしいエリザベスと出奔して、二度ともどらなかった。かくて、ある歴史家の筆を借りれば「時の霧の彼方から」ギネス一族は生まれた。

まことにロマンティックではあるのだが、この話が事実であることはまずありえない。イングランド人兵士とアイルランド娘の証拠も皆無だし、エリザベス・リードが一家の厩番と駈落《かけお》ちした証拠もない。

後年、アーサー・ギネス本人が信じるようになったところでは、その父親はダウン州出身とされるアイヴァのマギネス子爵ブライアンの子孫だ。このマギネスは明らかにボイン川での不運な戦いでジェイムズ二世を支持したカトリック貴族だった。この会戦の後、アイルランドからフランスに逃げたマギネスは一族の支族の一つを後に残しており、この支族は自己防衛のためだろう、「一族」を意味する接頭辞の「マ」を名前からはずし、プロテスタントに改宗した。つまりアーサーはゲニス（Gennis）という名のプロテスタント一族の出身で、この一族は後にその名前にもう一つ「s」の字を加えたわけだ。

アーサーはこう信じていたのだが、数百年後の私たちにはこの話は確認できない。それどころか二〇〇七年にトリニティ・カレッジで行われたDNA解析によると、ギネス家はダウン州の「ギニース（Ginnies）」という名の村に住んでいたマッカータンと名乗る一族の裔《すえ》である可能性が高いとされている。歴史家の間での論争は決着していない。埃にまみれて残されているわずかな記録からある程度確実に言えるのは、アーサーの父親であるリチャード・ギネスは実際にエリザベス・リードと結婚し、そしてキルデア州セルブリッジの裕福なプロテスタント牧師ドクター・アーサー・プライスのもとで働いていた、ということである。さらに、やがてドクター・プライスはカシェル大主教となるが、世間での地位が上がっても、その忠実なリチャード・ギネスを手放さなかったこともわかっている。

ビール職人の息子として

私たちはときに想像力を働かせなければならない。文書中の数行の記述や口誦伝承の断片をつき合わせて、思い描くわけだ。ドクター・プライスの財産管理者としてリチャードの仕事は多岐にわたっていたはずである。家畜の世話、耕作の監督、家賃の徴収、建物の修繕などなど。そしてまたビール醸造の責任者でもあったはずだ。とすると、将来かの有名なギネス醸造所を創設することになる人物がその仕事について手ほどきを受けたのは、大主教の屋敷で父親の指導のもとだったわけだ。

ここで念頭に置いていただきたいことは、当時のアイルランドにおけるビール醸造は家内産業であった、それもほとんど文字通り家の中での事業だったことである。主婦もビールを造ったし、貴族の資産管理者も造ったし、ビール・バーのオーナーも造ったし、もちろん醸造業者も造った。最後のものはそのほとんどがダブリンをうねって流れる川沿いに並んでいた。ビールは当時生活必需品だった。例えばアーサーの祖父ウィリアム・リードもビールを造ったことがわかっている。一六九〇年に、ウィリアムはエールを売る免許を申請している。そしてこの記録がアーサーの祖先の誰かとビールとを結びつける文書として唯一のものだ。ウィリアムが造ったビールを家の近くの、ダブリン・コーク間の街道沿いに設けたエール・テントで売ったことは間違いない。パトリック・ギネスのみごとな『アーサーのふるまい——伝説の醸造家アーサー・ギネスの生涯とその時代』に詩的な文章でただ一ヶ所描かれている。

「ダブリン南方の丘陵地帯で何時間も辛い行軍を行っている部隊の姿が思い浮かぶ。轍《わだち》のついた、でこぼこで埃の舞いあがる街道を進んでくると、渇ききった喉を潤そうとビールのジョッキが待ちかまえているエール・テントが眼に入る」

ささやかな出発ではあるが、後の姿を予感させるだけのものはある。

アーサーの祖父のリードがこうしてビールを造ったのはアイルランドの伝統に則ったものである。一世紀のギリシャ人本草学者で医師のディオスコリデスがヒベルニ族は大麦から醸造した「キリム」と呼ばれる液体を飲んでいると報告していることはすでに触れた。アイルランドの伝説や初期の文書にはこの飲み物が頻繁に登場する。例えば八世紀の法律論「クリス・ガブラ（Crith Gablach）」では、「日曜にエールを飲む」ある王子の習慣を「毎週日曜にエールを保証されないのは正当な王子ではないから」として認めている。

アイルランド人にとってビールとその効果はひじょうに重要だったから、この地のキリスト教以前の大王《ハイキング》は、儀式の上で女神クィーン・マブ（メイヴ）と結婚しなければならなかった。この名は「酩酊した者」または「人を酩酊させる女」を意味する。古代アイルランドの大王が王としての地位を獲得するには、その都であったタラで度がすぎるまでビールを飲むことが必要だった。その眼には異教のものと映ったこのような習慣を終わらせようとした聖パトリックが専属の醸造家メスカンを供としたのも無理はない。ビールはアイルランド人の生活のあらゆる部分に編みこまれていた。リチャード・ギネスの時代になってもこのことはまったく変わらなかった。アイルランド人はウィスキーを「ウイスケ・バハ（uisce beatha、命の水）」と呼んだものの、一八世紀初めには、アルコール度数がごく低い、ヘルシーでおいしい飲み物を用意してくれた伝統をありがたく思っていた。

したがって、アーサー・ギネスがセルブリッジのドクター・プライスの館オークリー・パークでこの世に生まれた時、おそらくは一七二四年のことと思われるが、世の中のビールをめぐる活動は活気づいていたのだ。ほとんどどこの家庭でも、館やパブでもビールが造られていた。レシピは固い秘密として守られ、新たな発見は噂となって広まり、試された。貴族は上質のビールを

セルブリッジのオークリー・パーク、1902 年

造ると評判になり、人びとは何とかその食卓に招かれないかと願った。

プライス尊師の従者リチャードがそれなりに名を揚げたのは、まさにこういう形でである。大主教の館はそこで醸造される色の濃いビールで有名だったらしい。そしてこの味の良い飲み物をどうやって造っているのか、尊師の信頼篤い代理人から聞き出そうとする客も多かったとみえる。当然のことながらリチャードはその評判の黒いスタウトが自慢だったから、答えることはなかったはずだ。

確実な情報が無いままに神話と伝説が生まれ広まった。ある者が言うには、リチャード・ギネスはある時偶然大麦の焙燥の時間を長くとりすぎたが、その結果できたカラメル状になったものは他のどんなビールよりも強く、旨かった。あるいはまた、一族はそのレシピをある修道僧たちから盗んだ、という者もいた。この僧侶たちのビールを飲むと「男の胸に毛が生えた」

というのである。とはいえ、現在ではもちろん真相がわかっている。黒ビールはアーサーが生まれる前から醸造されていた。商業的に醸造される特定のビールとギネスの名前が永遠に結びつけられる前に、ロンドンでは黒ビールが人気だった。とりわけこれを好んだのは荷かつぎ人足《ポーター》たちで、おかげでこの種のビールはポーターと呼ばれるようになる。

リチャード・ギネスがどういう経路で上質の黒ビールに辿りついたか正確にはわからないが、これがドクター・プライスの自慢であり、大主教の賓客たちのうらやむところだったことはわかっている。さらに、リチャードが若きアーサーに醸造の技術を教えただろうこともまず確実だ。そうしてギネスの物語の中心テーマの一つ、すなわち熟練技術の父から子への伝承がここに始まる。

リチャードが若きアーサーに醸造の仕事の手ほどきをした時から何世代にもわたって、ギネス家の息子は父親のもとで働き、伝承された知識と作業を学ぶのが常だった。その知識と作業が世界最高のビールの一つと、世界で最も成功した会社を生んだのだ。このことがあてはまるのはギネス一族だけではない。ギネスのビールを造るのに協力していた農民、海員、馬丁、樽職人といった人びともいて、場合によっては五世代も六世代も続くこともあり、この人たちもまた会社の成功を我がことと して喜んでいた。一家の男たち全員が肩をならべて働き、夜になると夕食の食卓を囲んで醸造の技について議論し、弟や孫たちはこれを聞いて刺激を受け、一家の職業に早く自分たちも参加したいものだと願う。そういうことも少なくなかった。何十年もかけて磨きぬかれた技は本を読んでも身につけることはできず、人から人へ伝えられ、各世代ごとにお手本と辛抱強い訓練と手で使う道具を通じて修得される。それは熟練の伝統であり、世代から世代へとわたされる経験と技芸の贈り物だった。機械が支配するわたしたちの時代にはその大半が失われたが、ギネスで働く人びとは何世紀にもわたってそのすべてを宝物として大切にしていた。

ギネスのある歴史家は「幼いアーサーは歩けるようになる前に、モルトのさわやかな匂いを吸いこんでいたはずである」と書いている。その通りだろう。少年は醸造家の世界に住んでいた。祖父リード、家族用にビールを醸造していたはずの母親、それにプライスの荘園内の需要に応えて醸造をしていた父リチャード。アーサーが筋肉隆々たる若者に成長し、醸造に欠かせない大麦をシャベルですくったり、水を運んだりしたのは想像に難くない。麦汁を煮たり、大麦を焙燥したりするための火の番をすることもあったはずである。そして手桶に入れたビールを荘園内で喉の乾いた人びとのもとへ運んだりもしただろう。ドクター・プライスが仲良くしている友人たちのもとへ運んだことさえあったかもしれない。醸造は一つの芸術であり、ビールを不老不死の霊薬と思っている人間も多く、そして当時の人びとはビールを豊富に供給する人間には多額の報酬をよろこんで払うということを、アーサーは早くからさとっていたはずである。

大主教から教養を授かる

もっともアーサーの教育は荘園管理の実際面とビール醸造技術に収まるものでは到底無かった。

現在参照できるごくわずかな文書類によれば、一〇代末にはアーサーは登記官《レジストラル》、つまり秘書兼文書複写係のような役割でドクター・プライスに仕えていたことがわかっている。ということは、アーサーは読書能力、計数に加えて書道をも修得していたはずだ。いずれも当時実務担当には不可欠の能力だった。アーサーが能筆だったことは、現在世界中でギネスの広告に使われているあの有名な署名からもわかる。大胆で自信にあふれ、念入りにスタイルを整え、技術的にも洗練されたあの署名は、セント・ジェイムズ・ゲイトの借用契約書から取られている。この書き方をアーサーは子どもの頃から一〇代にかけて身につけたはずだ。人間の書き癖はその頃に形成されるからだ。書き方をはじめ、ひょっとするとその他にも必要不可欠な分野の知識をアーサーが学んだのは、自宅から半マイル（八〇〇メートル）ほどの慈善学校《チャリタブル》だったにちがいない。さらに加えて、ドクター・プライスは当然個人的な蔵書を持っており、これを利用することをアーサーに許したことは確実だろう。つまるところプライスはアーサーの名付け親になることを承知したし、ドクターがこの少年に眼をかけ、可能な場合にはいつでもアーサーの向上に手を貸した証拠もある。ドクター・プライスのよく整えられた蔵書の恵みをアーサーが十分に活用し、さらには大主教自らの指導を受けるという恩恵を受けていたことは十分ありうることだ。二〇歳になる頃には、アーサーは頭の切れる有能な若者としてドクター・プライスのもとで働いている。荘園の管理を手伝い、文書に署名し、複写を作って整理保存し、そしてビール醸造に始めから終わりまで関わっていたことは確実だ。

アーサーは一七五二年に大主教が死ぬまでドクター・プライスのもとで働いていたはずだ。一人前の人間としての最初の一〇年間、一八歳から二八歳まで、アーサーは仕事を通じて自らを鍛えていったが、一方で困難な事態や苦痛をも知ることになった。一七三九年から一七四一年にかけて、アイルランドは歴史上最悪の天候を耐え忍ばねばならなかった。寒気は信じがたいほどだった。

「鳥は空中で凍りつき、農産物は枯れ、飢饉が起き、流行病が続いた」

とパトリック・ギネスは書いている。若きアーサーはこの艱難辛苦《かんなんしんく》を目の当たりにし、ドクター・プライスがせっぱつまった人びとの救済にあたるのに協力し、その間、社会全体が苦しむことがどういうことか、身をもって知っただろう。さらに一七四二年八月、アーサーの母エリザベスが死ぬ。まだ四四歳の若さで、六人の子どもと夫が残された。この夫は恋人としてまた友人として妻を切実に必要としていただけでなく、妻はまた家庭を切り盛りする働き手としてもなくてはならぬ存在だった。アーサーもまだ一八歳で、母を失ったことにはひどく苦しんだにちがいない。

アーサーの人生の中でこの一〇年はまた、様々な事業計画や企画に費された時期でもあっただろう。ドクター・プライスは荘館の改築計画、農作物についての新しいアイデア、家畜を増やす実験的な手法などを次から次に思いつくのである。この時期にはまた、プライスは自らの主教座のあるカシェルの丘の上にある、古い聖堂の屋根をとりはらうということもした。おかげでアイルランドの偉大な廃墟の一つが生まれることになる。これを再建することはついにできなかったが、近くにより小振りな聖堂を建てた。この廃墟はこんにちまで残っており、観光客はこれを見てドン・キホーテを思わせることも多かったドクター・プライスを笑う。

その欠点はどうあれ、ギネス一族に大きな可能性の扉を開いたのはプライス大主教の気前の良さだった。一七五二年に死んだ時、ドクター・プライスは忠実な代理人だったリチャードに一〇〇ポンドを遺贈した。これは大変な額で、四年分の給与に近い。ところがそれだけではなかった。驚くべき好意と気前の良さを示して、アーサーの名付け親はかれにも同じ額一〇〇ポンドを残してくれたのだ。二八歳の秘書兼管理助手にとって、この贈り物こそは秘かな希望を可能性に変えるものだった。

ここからアーサー・ギネスの人生はスピードアップする。大主教の死から三ヶ月と経たないうちに、リチャード・ギネスは再婚する。今度の相手はエリザベス・クレア。ギネス一族の友人だったベンジャミン・クレアの未亡人である。エリザベスはセルブリッジで白鹿亭《ホワイト・ハート・イン》を開いており、まもなくリチャードはその経営も担うことになった。アーサーも父に従い、一七五二年から一七五五年まで、この旅籠で売られるビールを造ることで醸造技術を磨いた。とはいえもうそろそろ三〇になるかれは、まだこれといって名を揚げたわけでもなかった。父と継母には忠実に仕えながら、独立する夢を育んでいたことだろう。

アーサーが自らの野心に向けて最初の劇的な一歩を印すのは一七五五年、リーシュリップの小さな醸造所を買収した時である。リーシュリップはセルブリッジからダブリンにむかう街道沿いの村だ。アーサーはこの醸造所をほんの数年間経営しただけで弟のリチャードに譲り、一旗揚げるためにダブリンへと移る。わたしたちとしてはしかし、アーサーの生涯におけるこの時期をそう簡単に見過ごすわけにはいかない。後にアーサーがどういう人物になるかを考慮に入れてこの時期を振り返ると、これがアーサーにとって、偉大な人物には常に必要な、研鑽と完成の時期だったことがわかる。この数年間で、アーサーは醸造の基本だけではなく、その神秘を体得するにいたるのだ。

当時醸造はまだ科学的に行われてはいなかった。温度計はようやく使われだしていたが、酵母についてはほとんどの醸造家は想像すらつかなかった。科学的手法の代わりになっていたのは、くりかえし匂いを嗅ぎ、素材を味見することで、思考よりも感覚に頼る部分がはるかに大きかった。記録の整ったプロセスもたしかにあったが、図式や道具をそろえただけではすばらしいビールは造れなかった。要するに技術はまだ十分に洗練されてはいなかったのだ。したがってアーサーのような若い醸造家は時間をかけてその感覚を磨き、年上の名手たちを見習い、試行錯誤しながら醸造術を学ばねばならなかった。白鹿亭での醸造の経験、そしてリーシュリップの小さな醸造所での体験が、アーサーには必要だった。それでもアーサーは自分はその程度で終わる人間ではないと感じていた。だから一七五九年、ダブリンへと進出する。その後の生涯はすべてこの決断によって定まったのだ。

ダブリンでの起業

まさに踏みだそうとしていた方向を見れば、アーサーが醸造を生涯の仕事に選んでいたことははっきりしている。そのことを自分としては道義としてやらねばならぬと感じていた可能性もある。アーサーがより広い舞台で醸造にのりだそうとしていたのは、ジンの大流行がかれの住む世界を破壊していたその最中だった。一六八九年、議会は酒の輸入を禁じた。酒のない生活を送るつもりのないアイルランドとイングランドの住人たちは、酒を自分たちで造りはじめた。一八世紀初めまでに、ロンドンでは六軒に一軒がジンを売っており、「一ペンスで酔っぱらえます。二ペンス出せば泥酔できます。（酒を飲むための）清潔なストローは無料」という看板を出しているところもあった。下層の階級に属する人びとにとって、ジンはあらゆる問題を解決するものだった。赤ん坊が泣くとジンを吸わせた。子どもを寝かしつけるにはジンを飲ませた。そしてほとんどの大人が泥酔するまでジンを飲んだ。人の魂はジンに毒され、怠け者でケチになり、理性を失った。ある主教は嘆いている。

「ジンのおかげでイングランド人はそれまでみせたことのないふるまいをするようになった。残酷で冷酷な人間になった」

この点ではアイルランド人も変わりはなかった。

ウィリアム・ホガースによる二枚の版画が実情を物語る。『ジンの路地』と『ビールの通り』として有名な版画で、汚辱にまみれているのはジンに支配された世界だ。『ジンの路地』では、人殺し、自殺、飢餓、腐敗が横行している。きれいに整備されているのは質屋の屋敷だけだ。ジン製造所はキルマン氏の所有になる。同時代の人びとにジンが何をもたらしているか、ホガースは巧妙にほのめかしている。対照的に『ビールの通り』ではすべてが整理整頓されて清潔であり、ぼろぼろになっているのは質屋の家だけである。魚売りの女たちがバラッドを暗記している横で、男たちはビールを飲んでいる。すぐ脇には本が何冊も入った籠がある。これが当時の一般的見解であることは明らかだ。ジンは人生を狂わせるが、ビールは健康で安全、社会の基盤を崩すのではなく、これを強化する。この教訓をアーサー・ギネスも十分吸収したはずである。ホガースやプライス大主教に教えられたろうし、周囲の世界を倫理面から自分なりに評価することでも学んだだろう。そして自ら選んだ職業を同胞への奉仕と見なすようになっただろう。

一七五九年、アーサーはダブリンへと移った。この年がどういう時代だったか、はっきりさせておく方がいいだろう。この年はジョージ・ワシントンがマーサ・カスティスと結婚した年である。大英博物館がオープンし、世界最初の生命保険会社がアメリカで生まれ、英国の将軍ジェイムズ・ウルフがケベック包囲を開始し、そしてアブラハム平原で命を落とした年である。作曲家ジョージ・フレデリック・ヘンデルがこの年に死に、後に奴隷貿易廃止で活躍するウィリアム・ウィルバーフォースが生まれた。スコットランドの詩人ロバート・バーンズが生まれるのもこの年だ。トマス・ジェファーソンは一六歳の早熟な少年、パリではヴォルテールの『カンディード』が一世を風靡し、そしてヨーロッパ中の新聞がティーカップには今や把手が付いているのがあたりまえだと報じていた。把手の無い東洋の形からの脱却だった。

ドクター・プライスの一〇〇ポンドからダブリンはセント・ジェイムズ・ゲイトのギネス醸造所の購入を一直線に結びつけて、まるで片方のおかげでもう片方が可能になった、と言うように語るのは、ギネスの物語を書いた人びとが皆共通して誤るところだ。これが事実からほど遠いことは、すでに見てきたとおり。ダブリンに進出した時、アーサーは三四歳である。ドクター・プライスの秘書兼助手として八年間働いていた。継母の旅籠で三年間ビールを造っていた。さらにリーシュリップの自分の醸造所を五年近く経営している。自分の醸造所を購入するのに例の一〇〇ポンドを使ったことが重要なのではない。アーサーはそうしたわけではないのだから。そうではなく、アーサーがその贈り物を投資し、自分の腕を磨き、商売に熟達することで一〇〇ポンドをさらに増やしたことの方が重要なのだ。そうして一七五九年時点で、アーサーは例外とも言えることができるようになっていた。たとえ同じく一〇〇ポンドの贈り物から出発したとしても、他の人びとには到底無理なことをできるようになっていたのだ。

史上最長九〇〇〇年のリース契約

中世のダブリンにはアイルランドの西部や南部にむかう人びとが通る古い門が一つあった。ここを通る人びとの中には、ヨーロッパ各地の聖地にむかう巡礼たちもいた。セント・ジェイムズ・ゲイトがこう呼ばれたのは、近くにセント・ジェイムズ教会と教会区があったためで、建てられ

リフィー川対岸から見た現在のギネス醸造所

てから五世紀近くたって門は完全に崩れおちた。しかし地名はそのまま残った。主にこの場所に聖なる泉があったからで、ここを中心に毎年夏に祭が開かれた。

一六一〇年、バーナビー・リッチがこの場所のことを『アイルランド新事情』に書いているが、セント・ジェイムズ・ゲイトのその後を考えると、その一節は無気味な響きを帯びる。

「ダブリンの西部に聖ヤコブ（英語読みではジェイムズ）の泉がある。祭日は七月二五日で、毎年この日には必ず泉の脇で大規模な市《いち》が開かれる。この市で売られる商品はエールだけである。エールの他に売られるものは何も無い」

一七五九年時点でこの場所には醸造許可が消滅した醸造所があった（実を言えばここに醸造所が作られたのは一六七〇年）。アーサー・ギネスが買うべきかどうか判断するために地所を歩きまわった時には、広さ四エーカーの敷地の中に醸造場、製粉所、モルト焙燥場が二棟、それに一二頭の馬を収容できる厩が含まれていた。それだけではなかった。他の人間ならば見過ごしていたかもしれない、眼には見えないものがあった。それは都市計画に密接に関係のある可能性だった。というのは二年前からアイルランドの大運河計画が進められていたのだ。目的はダブリンとシャノン川を結ぶもので、それによってダブリンとリマリックを結ぼうというものだった。この計画がうまく運べば、運河のターミナルはダブリンのジェイムズ・ストリートに置かれるはずだ。アーサー・ギネスがここを買うと決めれば、ターミナルはその表玄関のそばになる。運河が通れば醸造所が繁栄するために必要な輸送手段ができる。そして今や野心に燃え、投資評価にも熟達していたアーサーは、セント・ジェイムズ・ゲイトでビールを醸造する者にとって運河計画が何を意味するか、わかっていた。ここでビールを造るのは自分でなければならない。アーサーは決断する。

一七五九年一二月三一日、アーサー・ギネスは地主であるレインズフォード一族から土地を借りる契約を結んだ。賃貸料は敷金一〇〇ポンドに地代は年に四五ポンド。ごくあたりまえのものである。ただし、どうやったのか、アーサーはレインズフォード家を説得して賃貸期間を九〇〇〇年とすることに成功したのだ。歴史上でも最も異様な不動産賃貸契約の一つであり、アーサーの事業家センスの鋭さを象徴するものとして、こんにちなお突出している。この賃貸契約締結にアーサーが使った署名、今ではギネスの広告に使われている、あの大胆で流れるようなサインはなにかを祝っているように見えないこともない。確かにアーサーにとってこれは祝うに値することではあった。

この契約に勢いを得てアーサーは仕事にとりかかった。人を雇い、馬を買い入れ、敷地と建物を修繕するよう作業員に指示し、そして醸造所での醸造を始めた。新規ベンチャー事業のご多分に漏れず、これもまた当初の歩みはゆっくりしたものだった。ここで物語のずっと先にジャンプすると、一七七九年、ギネスはダブリン城のビール納入業者として公認される。城はアイルランドにおける英国政府の総司令部である。世間でのアーサー・ギネスの地位がいかに上がっていたか、そしてアーサーのビールがいかにすぐれたものだったかをはっきりと示している。けれどもそれは二〇年後のことだ。努力を重ね、不景気の時期を耐え、そしてこの新興事業が生き残れるかどうかさんざん思い悩んだ二〇年を乗り越えた後の話である。この事業が生き残った、それも輝かしい形で生き残った事実に眼をくらまされ、果てしなく続く仕事、すべてをうまくやってのけるのに必要な性格、そしてリスクの大きい、カネのかかる事業を立ち上げるのに必要な堅忍不抜《けんにんふばつ》の根性を見過ごすわけにはいかない。

結婚がもたらした地位

新たな醸造所を自らの夢に見合うものに仕立てる一方、ある手を打つことでアーサーはダブリンの社会の中でそれまで手の届かなかった高みに押し上げられることになった。一七六一年六月一七日、アーサーはオリヴィア・ウィットモアと結婚する。若き醸造家にとって恋とロマンスを別にしても、これはみごとな決断だった。第一にオリヴィアはアーサーの半分の歳で、抜群の美人として知られていた。第二にオリヴィアは裕福だった。両親は郷紳でオリヴィアの結婚持参金は一〇〇〇ポンド強だった。当時としてはたいへんな額である。さらにおそらくは同じくらい重要だったのは、オリヴィアのおかげでアーサーはダブリンの社会に新たなコネと地位を得たことだ。おそらくアーサーの独力では絶対に得られなかったものである。オリヴィアはダブリンの最上層部の名家に血がつながっていた。金融界で名の通ったダーリー家やルタッチ家、大主教に加えて一度ならず市長を出したスマイス家などである。この結婚は若き新興の事業家にとって実用的な観点からみても、完璧な組合せだった。

アーサーはこの結婚に少なからぬ重みも加えた。かれが大きな可能性を備えた人物と見なされていたことは確かだ。さもなければオリヴィアの家族が結

ダブリン城

婚を認めたはずはない。さらにそのまた少し前、自分はマギネス家の血を引くとアーサーは主張していた。ただし歴史家たちはこれはお手盛りの主張で、歴史的には真実のかけらも無いと文句を言っている。それでもマギネス家とのつながりはアーサーにとっては何より大切なものであり、新たに縁戚となった人びとにとっても何より価値のあるものだったから、花嫁の兄弟たちが結婚に際して贈った銀盃には新婚夫婦の名前とともにマギネス家の紋章が刻印されていた。すなわち赤い手の下に黄金の猪の紋章である。赤い手はマギネス家がそこから勃興したアルスター地方を象徴していた。

結婚の二年後、オリヴィアは夫婦の最初の子どもエリザベスを生み、さらに二年後、長男のホセアを生む。子どもは全部で一〇人、娘が四人に息子が六人となった。エリザベス、ホセア、アーサー、エドワード、オリヴィア、ベンジャミン、ルイーザ、ジョン・グラッタン、ウィリアム・ラネル、そしてメアリ・アンである。こよなく愛されたこの幸せな子どもたちのリストからはわからないが、実際にオリヴィアが妊娠したのは二一回であり、一一回流産している。丈夫で勇敢な女性だったにちがいない。流産にもめげず、オリヴィアは一七八一年、四〇代後半まで子どもを生みつづけた。最後の子どもが生まれた時には、長子はすでに結婚していた。

こうして王朝が生まれた。ダブリン社交界でのアーサーの地位は上がり、クラブや各種の組織に属し、政治においても醸造界を代表する声の一つになった。やがてボーモント・ハウスと呼ばれるジョージ王朝様式の宏壮《こうそう》な館を購入し、死の間際までここに暮らした。アーサーはまたダブリン醸造者組合の理事長にもなった。どこから見ても成功者だった。一八〇三年に死ぬまでに、今にも崩れそうだった小さな自分の醸造所がアイルランド最大の企業になるのをかれは見届けることになる。

しかし単に旨いビールを造り、これを大いに売りまくったというだけのことでは、アーサー・ギネスの物語が他から抜きんでることはない。アーサーの物語がきわだっているのは、自分の成功を一種の天命、神に奉仕し、自身やその家族だけではすまない、この世に対してより広く善をなす義務が伴うと心得ていたことにある。とはいえ、このことを理解するためには、私たちはアーサー・ギネスの生涯を形作った信仰の影響を理解する必要がある。

宗教間の平等を訴える

聖パトリックがキリスト教を導入する前、数千年にわたってアイルランドには古代のケルト族の一派であるゲール族が住み、華々しくも伝統的な暮らしをしていた。五世紀以降一二世紀にいたるまで、ヴァイキングによる侵攻をわずかな例外として、このゲール族が政治的に島を支配していた。一一七二年、イングランドのヘンリー二世がアイルランドに侵入し、以後七〇〇年間、アイルランド全土は自分たちの領土だとイングランド人が主張する。しかし実際にイングランド人が支配できたのは、沿岸部のいくつかの都市と、ペイルと呼ばれるダブリンに隣接する地域だけだった。一六世紀になってイングランド人の支配は拡大し、ついには古来からのゲール人の社会と政治構造は崩壊する。これと時を同じくしたのがプロテスタント支配層、新たなイングランド人支配階級の勃興であり、一五四三年にヘンリー八世がイングランドの教会をローマから分離したことから生まれたものである。カトリック信徒は人口の九割を占めながら、全土の一割しか所有できず、アイルランド議会からも締め出されていた。アーサー・ギネスがもしローマ・カトリックであったなら、そもそも醸造所の購入も認められなかったことは忘れないでいただきたい。

この状況から生じる緊張と怒りの感情が鎮まることはめったになかった。伝道師のジョージ・ホワイトフィールドの日誌に、一つの実例がある。アーサーがダブリンで暮らしはじめる二年前にここで説教を試みた人物だ。ホワイトフィールドはダブリンの軍駐屯地近くのある緑地で説教する許可を得て、自分の言いたいことが「力を背景に押し出される」と感じた。例によって妨害行為があった。しゃべっているホワイトフィールドにむかって、その邪魔をしようと石や泥がいくつも投げつけられた。しかし、これは何もその時に始まったことではなかった。ホワイトフィールドは人びとが太鼓を打ち鳴らしたり、聴衆の間を家畜を追いたてていったりする中で説教する術を学んでいた。木の上からある男が放つ小便を浴びながら説教したことさえあった。自分の伝えたいことが抵抗に逢うことになると承知していた。

とはいえ、ダブリンで雨霰《あめあられ》と投げつけられるものはかつて経験したことのないほどだった。説教壇を降りて離れようとするホワイトフィールドには「ありとあらゆる方角から固い石が一斉に投げられた。一歩ごとに石があたり、私は前に後ろに揺れた」。こうしたものを投げているのは

「何百何千という法皇の追従者たちだった」とホワイトフィールドは回顧している。たちまちかれは「ほとんど息もつけず、全身血まみれとなった……受けた傷や打撃は数しれなかった。とりわけこめかみ近くに大きな一発を受けた……しばしの間、私は声も出せず、荒い息をつき、今にも自分の息が止まるだろうと思った」。ようやくにしてホワイトフィールドはあるメソジスト派の説教師に救出され、地元の医師の手当を受けた。おことわりしておくが、当時ホワイトフィールドはイングランド国教会の牧師であり、キリスト教界でも最も有名な人物の一人だったのだ。そのかれが、しかも英軍のほとんど眼の前で、プロテスタントに反感を抱く群衆にあやうく殺されそうになったのである。

ダブリンに進出した頃のアーサー・ギネスはアイルランド国教会に属する忠実なプロテスタントであり、信仰をめぐっては影響力ある大主教の荘園でりっぱな教育を受けていた。ダブリン社会の階梯を昇るにつれ、アーサーは敬虔なキリスト教徒にふさわしく、かつなみはずれた良心を持っていることを明らかにしていった。アーサーは反カトリック法を非難したし、倫理がかかわる場面では支配階級の伝統に真向から異議を申したてた。参事会員新任の際に伝統的に催されていた宴会に反対したこともある。こうした宴会がほとんど必ずといっていいほど、飲めや歌えの大騒ぎになっていたからだ。市の支配層は倫理の上でも模範であるべしとアーサーは考えていた。

家庭でのしつけの中で培った価値観に加えて、アーサーは信仰革新の偉大な担い手ジョン・ウェスレーからも影響を受けた。アーサーが自分の教会に出ていた時にそこでウェスレーが説教したことがわかっている。ウェスレー自身はこの時見聞したことにあまり良い印象を持たなかったらしい。

「この裕福で栄誉ある罪人たちの中に、率直に話す勇気など持っている者があろうか」

聖パトリック大聖堂の会衆に語った後で、ウェスレーはその独得な調子でこう述べている。当時人気のあったこの教会を埋めていたのは、金持ちだが冷淡な人びとだと考えたようだ。

それでも、ウェスレーの託宣とそのメソジスト運動に深く感動した者もいた。その一人がウィリアム・スマイスである。ダブリンの裕福な一族出身で、ダブリン大主教を叔父にもっていた。オリヴィア・ギネスはウィリアムの妻のいとこだったから、ウィリアムはアーサーにとっても親族だった。スマイスはベセスダ教会堂すなわち「アイルランドにおける福音伝道運動の一大センター」設立に一役買い、ウェスレーの伝道旅行に頻繁に同行し、ダブリンの富裕層や支配層にウェスレーを紹介することまでした。こうして紹介された中にアーサー・ギネスがいたはずだし、アーサーがウェスレーに面会する機会も一度ならずあっただけでなく、その説教は何度も聞いていたと仮定しても行き過ぎにはなるまい。実際、ウェスレーの日誌にはアーサーも出席したことがほぼ確実な会合のことが繰り返し触れられている。

とはいえ奇妙なことではあるが、この偉大な説教師はやはりその眼に映ったものに大して感銘を受けなかったらしい。スマイスが指導する会合はこんな具合だった。

「スマイス氏が祈祷書を朗読する。そして賛美歌の一節を読誦する。一五人から二〇人のすぐれたうたい手がこの賛美歌をうたう。会衆の他の者は熱心にいちずに聞きいっているが、まるでオペラでも聞いているようだ。これがキリスト教の礼拝だろうか。こういうものがキリスト教の教会で許されてもいいものだろうか」

アイルランドにおいてよちよち歩きしはじめたばかりの福音伝道教会にウェスレーが失望したとしても、かれがアーサーに深く大きな影響を与えたことはまずまちがいない。ウェスレーがこだわった、独自の形に変容させた救済からの影響だけではない。救世を志す教えがアーサーの心の中にすでにあったものと絡みあうというような影響もある。メソジストの運動が生まれたのは、福音伝道をめざした社会活動の中であることを忘れるわけにはいかない。オクスフォードのごく小さな神聖《ホーリー》クラブはメソジストの最初の小集団《ソサエティ》となるが、ここにはとりわけジョンとチャールズのウェスレー兄弟とジョージ・ホワイトフィールドがいた。このグループは囚人を慰問し、貧困層支援のカンパを集め、富裕層にはキリスト教徒としての社会に対する義務を果たすよう促した。ホワイトフィールドはまた孤児院を設立し、給食所の設立と運営に資金を出し、アメリカを訪れた際には、それまで疑問さえもたれなかった奴隷所有者と奴隷の関係に異議を申したてた。ウェスレーもほぼ同様の活動を行い、そのソサエティがそれぞれに社会をより良くするための出先機関となるよう努めた。ウェスレーはまた、富裕層の徳と責任について説教した。

「およそキリスト教徒なる者は得られるものはすべて得るよう、蓄えられるものはすべて蓄えるように、すなわち実際には裕福になれと唱導することは我々の義務である」

とウェスレーは主張した。ただし、当然ながらこう続く。そうして富を獲得するのは、それによって当のキリスト教徒が「与えられるものはすべて、困窮している人びとに与える」ことができるようにするためである。

ジョン・ウェスレーとアーサー・ギネスのつながりがどの程度のものだったか、正確なところをはかることはできないが、アーサーがその後死ぬまで、社会に対するウェスレーの価値観を現実の形にしていたことは確かだ。すでに見たようにアーサーはアイルランドにおけるローマ・カトリックの権利の守護神の一人であり、自らが雇っていたカトリック労働者たちを扱う際にその信念にならった。当時こうした考え方を持っていれば、顧客や社会的地位をいとも簡単に失うことがありえたにもかかわらず、である。アーサーはまた永年ミース病院の経営委員でもあり、後にはその理事長にもなって、「ミース伯爵領《リバティーズ》内の貧困層の救済」を十分に実現する責任を負った。アーサーはまた聖パトリック友愛兄弟団なる組織にも参加した。この組織の目的は、当時広くスキャンダルの源となっていた決闘の廃止だった。こうした活動以外にも、アーサーは様々な慈善活動を支援し、ゲール文化や芸術を奨励することまで行った。これは自分たちが立派な遺産を継承しているという気高い感覚を同胞に植えつけるためだった。

歴史家の中には、こうした努力は中流階級の商人が、善行によって自分より上の階級の人びとに良い印象を植えつけようとした試みにすぎないと結論づけている者もいる。この見解が当たっている部分もあるだろう。実際アーサーは野心にあふれた人間で、ジョージ朝時代のダブリンで台頭著しい商人としてふさわしい気前の良さに欠けるという印象を、人に持たれることは避けたかったはずである。それでもアーサーが大事にしたもう一つのプロジェクトを見ると、その信仰心の純粋なことと社会をより良くしたいという気持ちが真摯なものであったことを二つながら証明すると思われる。アーサーはアイルランドで最初の日曜学校を創設したのだ。

アイルランド史上初の日曜学校

このプロジェクトではアーサーは有名な教育改革者ロバート・レークスの影響を受けている。レークスは一七三六年、ジョージ・ホワイトフィールド誕生の街グロスターに生まれた。父親は『グロスター・ジャーナル』を刊行していた新聞人だった。一七五七年、父親からその出版事業を引き継ぐと、レークスはイングランドの貧民街の子どもたちの状態に大いに心を痛めるようになる。そして自分の新聞を使って、おそろしいまでの貧困の惨禍と、イングランドの諸都市がいまわしい犯罪に痛めつけられ苦しんでいる事態を広く知らせることに努めた。

監獄制度について多少の知識があったレークスは悪徳は「治すよりも予防する方が早い」という結論に達した。そのためには教育が鍵であると信ずるにいたって、聖書や読み書きといった基礎的な課目を日曜日に貧困層の子どもたちに教えるシステムを作りだした。献身的な国教徒だったレークスは、基礎的な教育に加えて教会に通い、聖書を学んだことが醗酵すれば、人びとの生活は良い方にむかうはずだと信じた。運動は急速に広まったが、レークスをおせっかい屋とみなす保守派や日曜に学校を開くことは罪だとする安息日厳守主義者たちの反発を買った。

レークスの説明によれば、カリキュラムは「子どもたちは朝一〇時過ぎに来て、一二時までいる。それから家に帰り、一時にまた登校する。一課目終えてから教会へ連れていかれる。教会からもどると五時過ぎまで教理問答を繰り返しやってから下校となる。家に帰る途中では騒がないよう指示を与えられる」。

批判する側はこの企画に「レークスのぼろ学校《レグド》」と渾名をつけたが、一八三一年にはブリテン島全土で日曜学校に通う子どもの数は一二五万人を超えていた。この数は当時のイングランド貧困層の児童人口の約四分の一にあたる。サマセットのハンナ・ムーアをはじめ、レークスの手法に倣う者も現れた。そしてこんにちでは、レークスは全世界の日曜学校運動の父として敬われている。

アーサー・ギネスは日曜学校運動の立役者の一人となった。一七八六年、アーサーはダブリンにアイルランドで最初の日曜学校を設立して、レークスの事業をこの地に広めた。私たちが現在見ることのできるわずかな史料によれば、設立当初、アーサーはこの事業の資金をほとんど一人で拠出し、設立作業の大部分を一人で担い、商人仲間の会合では頻繁に発言して援助を募った。ローマ・カトリックの神経を逆撫でし、保守派や富裕層、さらには安息日厳守主義者たちから反発を買うリスクをあえて冒してまで、アーサーはこの運動に勇敢に身を捧げた。その様を見れば、この世における天職と考えるものを実現するためにはあえて危険を引受けていたことを雄弁に語ると言えよう。

より美味いビールを求めて

とはいえ、こうした事業がそもそも可能になった、ましてや傑出したものになったのは、アーサー・ギネスがビールの醸造に熟達していたからこそである。この時期、様々な社会的事業に忙しいかれの姿を思いうかべることができるのは確かだ。しかし一方で醸造という競争の激しい世界での位置を向上するために最善の方法を常に研究してもいた。味見をし、匂いを嗅ぎ、材料を指でもむという作業を繰り返していた。部下たちとしょっちゅう話し合ったり、所属するクラブでの醸造仲間との会話から得たことも役にたっただろう。先祖たちの智慧からも引きだすところは大いにあったにちがいない。祖父のリード、母親、そしてもちろん一七六六年に死んだ父リチャード。さらにまた自分自身を信じることも覚えていたはずだ。今や貴重な経験を数十年分も積んでいたのだから。

それでも世界的な名声を得るためにはもう一段、新たな展開に移る必要が残されていた。アーサーはまだエールと、大流行になった濃いスタウトとを両方造っていた。その後何世代にもわたってアーサーが創始者とされることになる醸造酒の過程をふりかえると、競争では一番速い者が常に勝つわけではなく、戦いにおいて最強の者がいつも勝つわけではないことを、アーサーは証明している。当時濃いポーターの醸造については、アーサーが最初でもなかったし、最高の製品を造っていたわけでも、唯一の製造者でもなかった。しかしアーサーは誰よりも辛抱強く、また時代の流れに乗ることにかけては誰よりも率先していたと言うことはできるかもしれない。そしてまた、タイミングにも恵まれていた。歴史が味方するのは、誰よりも才能に恵まれた者ではなく大胆不敵な者であるとすれば、才能に恵まれてはいないことを自覚して大胆不敵になろうとする者にとって、アーサーの例は大いに励みになるにちがいない。

すでに見たように、ポーターを最初に醸造した者はアーサーではなかった。その栄誉を与えられるのはロンドンのラルフ・ハーウッド・ショアディッチである可能性が高い。アーサーが生まれる二年前にすでに黒ビールを造っていた。この生まれたばかりの黒ビールには「エンタイア・バット」という、飲みたいという気をあまり誘われない名前がついていた。バットは大樽のことで、「エンタイア」というのはめざす効果を生むために一個の樽で三種類のビールを混ぜ合わせることを意味した。一七二七年、アーサーがまだ三歳の時、スイスからのイングランドへのある訪問者がこう書いている。

「このビールは労働者階級の人びとが大量に消費している。濃く、強い飲み物で、飲みすぎるとワインの酔いに似た効果を生む。この『ポーター』は壺一個あたり三ペンスである。ロンドンには、このビール以外何も出さないエール酒場が多数ある」

この黒ビールが人気を得た理由は簡単だ。当時の醸造家の生活では絶え間のない実験がつきものになっていたわけだが、その中で醸造業者たちは、麦芽と大麦の焦げた部分も使うことでビールにコクと色を加える手法を見つけていた。使うホップの量も通常より増やした。味わいを加え、保存が効くようにするためだ。しかし黒ビール製造の技術の要はマッシュと煮沸、醱酵作用の時間を長くすることで素材そのものからうまみを引きだすところにあった。できあがったものは、コクがあって安定したビールで、長期の貯蔵ができ、輸出する際に揺さぶられても質が落ちないものだった。

他の醸造業者と違って、アーサーはこの新種のポーターで早速に評判をとったわけではなかった。価格設定権はイングランドが握っていたから、イングランドの醸造業者はとりわけポーターの製造ということではアイルランドの醸造業者よりも明らかに有利だった。だからセント・ジェイムズ・ゲイトで事業を始めた当初、アーサーはほとんどアイリッシュ・エールだけを造った。遅くとも一七八三年までのどこかで、アーサーは後にあれほど有名になる黒ビールの醸造を始めた。この同じ年、アーサーが黒ビールとの関わりに誇りをもっていることが、『アイルランド下院議事録』からわかる。アーサーは議会のある委員会で証言し、「ポーターの醸造業者は最高のものしか買いません。それ以外のものでは役にたたないからです」と発言しているからだ。しかし最終的に腹をくくったのは一七九九年だった。四月二二日をもってエールの製造を止め、以後セント・ジェイムズ・ゲイトは「ポーター醸造所」となった。

こうなると競争相手は国内の醸造業者だけでなく、法的に有利なイングランドの業者とも競うことになる。幸運なことに競争が動機となって、市場シェアをめぐる争いの中で製品とサービスがともに改善されるのが普通だ。このことはセント・ジェイムズ・ゲイトにもあてはまるようである。感動的な『ある同族経営企業への鎮魂歌』でジョナサン・ギネスは書いている。

アーサーの時代、醸造はまだ科学ではなく芸術だった……大麦とホップのサンプルを分析するための実験室はまだ無かった。秤といえば醸造家の眼だけだった。酵母はといえば、これは生きているもので、それも増殖速度が速かった。現在の厳密に科学的にコントロールされた環境下でも、酵母は突然変異を起こし、醸造途中のビール一回分を、まるまる廃棄せざるをえなくなることもある。こうしたすべての問題に対処するのに、アーサーは他のほとんどの業者よりもうまくやったにちがいない。とりわけアーサーは、黒いポーターを製造するのに真に熟達した最初のアイルランド人の一人だった。アイルランドの醸造家たち——アーサーのライヴァルたちがひとたび技術的問題を解決し、ロンドン産のものと同じくらい質の良いポーターを造れるようになると、ポーターに集中することはそれにふさわしい価値を備えた。まもなくアイルランド産のポーターはロンドン・ポーターに質の上で匹敵するものになっただけでなく、これを凌駕するものにもなった。ダブリンの市場を制覇した後には、アイルランド産ポーターにはブリテンでも需要が生まれた。

偉大な人間が頭角を現すのに重要な要素の一つを、ここで無視してはなるまい。タイミングである。セント・ジェイムズ・ゲイト醸造所が波に乗るのとちょうど時を同じくして、アイルランドはイングランドからの独立を果たした。アメリカ独立革命と、有名なアイルランド人政治家でオリヴィア・ギネスのいとこ、ヘンリー・グラッタンの努力がともに作用した成果だった。一七八二年の新憲法によって、アイルランドは中世以来押しつけられていた政治的経済的な軛《くびき》からの自由を与えられた。アイルランドは以後一七年間にわたって、空前の立法の自由を謳歌することになる。後世の歴史家がグラッタン議会の時代と呼ぶものだ。

勃興する商人階級は皆そうだったから、アーサーもこの自由の時代の恩恵を受けたことはまちがいない。それだけでなく、ヘンリー・グラッタンがアイルランドの醸造業を支持したことからも大いに恩恵をこうむった。アーサー宛の書簡でグラッタンは、アイルランドの醸造産業は「住民にとっては天然の看護人であり、あらゆる形でこれを奨励し、保護し、義務を減免するのは当然だ」と述べている。アーサーにとって政治的な風向きがこれ以上ないほど良くなった、ちょどその時に、他のいくつかの力も一致してアーサーに有利に働くようになった。結婚による政治的な恩恵、醸造所の再編、醸造業におけるアーサーの熟達、そして並はずれた人物としての評判などだ。

もちろん、その先には政治の嵐が待っていた。アイルランドにそれ以上の自由を認める方向に進むのではなく、イングランドはやがて政策を一八〇度転換して、一八〇一年の統合法を押しつけた。この法律は自治政府を廃止し、アイルランドをより強固に連合王国に吸収しようというものだった。その連合王国はすでにアメリカの植民地を失った愚かな王があいかわらず統治していた。その後さらに一〇〇年以上、アイルランドは自らの自由を求めて戦うことになる。流血と怨恨に満ちた、悲劇の歳月である。

とはいえ、この時期を通じて、アーサー・ギネスとその家業は成長と繁栄を続けた。セント・ジェイムズ・ゲイトの醸造所は繁昌した。アーサーは現状に満足しなかった。技術革新を進め、最高の人材を雇い、そしてさらなる醸造業の栄光を夢見つづけた。すでに人びとの尊敬を集め、ダブリンの社会でも高みに登り、そして同業者の中でも敬意を払われていた。心から愛する社会事業への入れ込みもあいかわらずで、その一つ一つが広範囲にわたって善行を届けているのを見た。日曜学校は全土に点在するようになった。ミース病院は拡張され、貧困層を支援していた。決闘の頻度も減っていた。アーサーが支持した社会運動はその大半が大成功を収めていた。

老齢にあってもアーサーは醸造家にとって昔からつきものの病気につきまとわれていた。実験をやめられず、より良い醸造酒を求めずにはいられなかったのだ。ダブリンとその近郊での販売を企図した「タウン・ポーター」があった。アイルランドの遠隔地向けの「カントリー・ポーター」もあった。さらには他のビールとブレンドするための「キーピング・ポーター」というのもあった。そして究極の「スーペリア・ポーター」、すべての市場向けの強いビールがあった。

一八〇一年一二月、死ぬおよそ一年前にも、アーサーはその醸造家手帳に「西インド・ポーター」というアイデアを書きとめている。他のビールよりもホップとアルコールの割合を高くしたもので、そうすれば海を渡る長い航海にも耐えられるだろうから、その名前のとおり、カリブ海地域に輸出できるともくろんでいたのだ。これはきわだったアイデアで、時代の流れにも合っていた。アーサーがつけていたノートから、これの醸造を始めていた経緯もわかる。西インド・ポーターはブラック・モルト七五、ペール・モルト五五、ブラウン・モルト二〇という割合で混合することになっていた。これは一つの技術革新で、ギネスの研究者たちによれば、このユニークなレシピからして、西インド・ポーターは、現在でも醸造されている「海外用エクストラ・スタウト」の直系の祖先になる。継続して醸造されているものとしては世界最古のビールはこうして始まったのだった。

現代まで生き続ける遺産

アーサー・ギネスは一八〇三年一月二三日に世を去った。かれが創始した醸造業はその子どもたちによって新たな高みへと進むことになる。他よりも運に恵まれなかった人びとの面倒を見ることで神の栄光を増すという大義もまた、何世代にもわたって続くギネス家の子孫たちによって実行されることになる。これを見ればアーサーが喜んだことは確かだろうが、一七五九年に借りた崩れかけた醸造所がやがて全世界を相手にすることになるなどとは、思いつきもしなかったこともまた確かだろう。

とはいえ、醸造の名手としては、自ら生みだしたものがこんにちまで生きのびていると知れば、とりわけ喜ぶにちがいない。この遺産の意味は他の人びとにはほとんどわからないだろう。しかしアーサー・ギネスやかれの同業者たち、新たに収穫された大麦の質を感じとり、モルトの匂いを知っており、麦汁の良し悪しを味で判断できる人びとは、事情を知る者だけの敬意をこめてうなずくはずだ。

つまりはビール醸造に使われる酵母は他に二つとないものなのだ。パンに使われる酵母とは違う。パン用の酵母は高熱で死ぬから、二度使われることはない。ビール醸造に使われる酵母はその過程で増殖し、表面に浮かんですくうことができるから、何度も使用される。初期の醸造家たちはこの発見を奇蹟に近いと考えて、何度も使えるこの酵母に「神は良きかな」という渾名をつけたくらいだ。

この話自体、感動的だし、ビール醸造にはつきものの伝説の性格を帯びてもいるが、それだけではない、もう一つ、より重要なことがある。アーサーがダブリンに移り、セント・ジェイムズ・ゲイトに作業場を据えた時、かれはキルデア株の酵母も持っていったのだ。それはおそらく白鹿亭で最初に使った酵母だったろう。その株はまた、父リチャードがドクター・プライスの荘園で使っていたか育てたものである可能性もある。つまりアーサーはリーシュリップからさらにダブリンへと移ってゆく時にも、この酵母の子孫を持っていった。やがてこの株は世界中のギネス醸造所へと拡がってゆき、何世代も経て、マレーシアやナイジェリアやトリニダードやアメリカ本土でも働くことになる。そしてこんにち、二五〇年経って、現在のギネスがコンピュータ制御されるステンレス・スチールの工場で、博士号を持ち白衣を着た技術者たちによって醸造されている事実にもかかわらず、一番核心で働いているのはアーサーの酵母であり、「一七六〇年よりも前にまで遡る、最古の醸造桶の中でくすぶっている」のはこの株である。

かくてアーサーの努力は今なお実を結びつづけている。醸造所の中だけでもない。後に続いたギネス家の信仰と寛大さの中だけでもない。アーサーが生涯かけた作品であるビールそのものの中に生きているのだ。こんにちその産物が売られている国々の多くがまだ存在しなかった頃、木製の桶の中で育てられ、丹精こめて育まれていた酵母が、現在世界中で一日に約一〇〇〇万杯消費されるギネス・スタウトを造るのに役立っていると知ればアーサーがどれほど喜ぶか、その様子を想像するのは楽しい。

歴史あるセント・ジェイムズ・ゲイト醸造所前に立つ著者

第３章

遺志を継ぐ者たち

AT THE SAME PLACE BY THEIR ANCESTORS

偉人の子は偉人か？

人間活動のテーマの中で、私がいつも驚き打たれるものが一つある。セント・ジェイムズ・ゲイトのギネス史料館で、アーサーの子孫のうち一九世紀いっぱいを埋める人びとについて調べながら、何度もこのことが頭の中に浮かんできた。

私の気にかかっていたのはこういうことである。ある人間はその性格と手腕によって名声を得る。あるいは、シェイクスピアが書いているように、名声が当人に押しつけられる、と言うべきかもしれない。その人間のやったことが誉めたたえられ、言ったことは人びとの記憶に留まって何度も繰り返される。当人は崇めたてまつられる。そうしてその人生の終わる時、炎が消えはじめる時、世間の眼はその子どもたちに向けられる。そして問う。この子どもたちは親と同様に才能に恵まれていると証すことができるだろうか。親の名声から当然期待されるだけのものに応えられるだろうか。

たいていの場合、偉人の子どもたちはその可能性を十分に発揮できない。生まれるとほとんど同時に周囲から注がれる期待に応えることができない。その生き方によって両親の名声を恥ずかしめないものもいるが、大部分はその名を重荷と感じるようになる。呪いと思う者さえいる。こうした例を眼にするのは辛いが、それは一つには定まったパターンが無いからだろう。情愛にあふれた両親の子どもたちが、より冷淡で子どもを顧みない親の子どもたちとまったく同じように、受け継いだものを毛嫌いすることも多い。

こうした世代間の緊張の物語はいくらでも挙げることができるが、要点をまとめるには二、三の例で十分だろう。たとえばアメリカ革創の父として尊ばれるジョン・アダムスの家系だ。その子孫にはジョン・クインシー・アダムスのような傑出した政治家もいるが、この偉人に続く世代が繰り広げる物語は衰退の一途で、このテーマを扱った主要な著作が『栄光からの失墜』と題されているほどだ。

あるいはウィンストン・チャーチルがいる。その父親は日々狂気の度を深め、息子を憎んで「パブリック・スクールのろくでなし」と罵った。ウィンストンは自分を認めなかったこの人物の亡霊に生涯つきまとわれたから、自身の息子ランドルフとの関係はもっとましなものにしようと努めた。始めのうちは希望と期待に満ち、愛情にあふれていた。しかし関係はこじれ、ランドルフはアルコールと怒りの発作に溺れるようになり、第二次世界大戦の暗黒の日々には、両親の家から追放されるにいたった。この時期、父親としては忠実な息子に傍にいてもらいたかったことだろう。しまいにランドルフの人生が終わりを迎えた時、ある歴史家の言葉を借りれば、その終わりは「期待にかなわず、見込みもはずれ、そしてほとんど誰にも気づかれない」ものだった。

奇妙なことに、息子たちが名誉と矜持《きょうじ》を守ったとしても、父親たちにはそれがわからないことが多い。エイブラハム・リンカンの長男ロバートが父の気に入られていなかったことははっきりしている。父親が最も愛したのは弟たちのウィリーとタッドの方だった。そこでリンカンは長男とは距離をとり、一度など「ボブはもうこれ以上成長することはないと思う」とまで言ったと、友人たちは語った。しかしロバート・リンカンは父親の眼に映ろうと映るまいと、偉大なものを持っていた。かれはまもなくハーバードを卒業し、軍事相と英国駐在大使を務め、最後には当時最も成功した会社の取締役会長となった。その生涯は立派なものだった。が、その有名な父親は長男がそんな人生を送るなどとは夢にも思わなかったし、リンカンの長男としての期待に堂々と応えるところを見るまで長生きはしなかった。

もちろん後に続く息子や娘たちが家名を恥ずかしめず、祖先の栄光をさらに輝かせた例も無いわけではない。けれどもそうしたケースは例外であって、実のところはやはり、はっきりと決まったパターンは無い。一人の人間が後に遺すものが尊敬されるか恥をさらすかを、あらかじめ知る方法は無いことを証明している。有名であるかどうかを問わず、最善の方法は、子どもを愛し、自分の価値観を植えこみ、そしてその人生で人間に左右できないことは神に任せることであるように思われる。ひょっとすると結論はそういうことなのかもしれない。各世代はそれぞれ独自に身を立てねばならない。よろこばしい成果を保証しようとしても、先立つ者にできることはほとんど無いのだ。

ギネス史料館に座ってこの結論について想いをめぐらし、アーサーの死後展開される各世代について考えた。アーサーがその一〇人の子どもたちのためにしてやったことは、ほとんどの人間には及びもつかないものだった。しかし、アーサーにはその結果を左右することはできなかった。成功するには不可欠の性格を一人ひとりに保証するわけにはいかなかった。だから、どんな親でもできることに力を注いだ。子どもたちを寛大に扱い、あとは神に任せたのだ。アーサーの期待に応えた者もいた。アーサーが見たなら心から悲しんだようなありさまで生涯苦闘を続けた者もいた。そしてモノと心の双方で受け継いだものにはるかに及ばない人生を送る悲劇に陥った者もいた。この点ではギネス一族は他のほとんどの一族と変わるところはない。ただし、ギネス家に展開された物語は、その名声と富のおかげで、何世代にもわたる物語の中でも史上最大の一つとなる。

子どもたちの多様な人生

アーサー・ギネスは一八〇三年一月のある寒い日に埋葬された。葬列はダブリン湾の北側にある、かれが愛したボーモント・ハウスから始まり、繁栄する街をうねうねと通りぬけてから内陸部へと曲がった。アーサーは自分の埋葬場所としてキルデア州オータラードの母親の墓の隣を選んでいた。墓標にはこうある。

「隣接する納骨堂にアーサー・ギネスの遺体を収める。市内セント・ジェイムズとダブリン州ボーモントに住まいしたる郷士にして、一八〇三年一月二三日死去せし者なり」

『ダブリン・イヴニング・ポスト』が「有用博愛高徳の生涯を送ったから、その死は善良なる有徳の人びとに悼まれるだろう」と書いた人物にしてはごく控え目な墓碑銘である。

その日父親の死を悼むために集まった子どもたちそれぞれの生涯には人を惹きつけるものが

ある。まずは長男のホセアがいた。父親の葬儀をとりしきる特権を持っていたのは、かれが聖職者、アイルランド国教会の牧師として尊崇を集めていたからだ。長男であるからには本来は繁栄する醸造業の長としての役割を引き継ぐべきところだったが、ホセアは代わりに教会を選んだ。長男の心に息づく深い信仰にアーサーが喜んだことは間違いないが、牧師の暮らしは財政的に制限の多いものであることには失望したとも思われる。その遺言の中で、長男はボーモントの一家の屋敷を相続する、なんとなれば長男は「実業によってその財産を増やす可能性がある職業にはついていない」からだと書くアーサーの口調には皮肉が感じられる。

ホセアは一七六五年に生まれた。その時父親はすでにダブリンの社会で評判の高い人物だった。早くから教会での人生を選んでいたホセアはウィンチェスター・カレッジとオクスフォードで学び、学士号と法学の博士号を、セント・ジェイムズ・ゲイトからほんの数マイルしか離れていないトリニティ・カレッジ・ダブリンで取得した。ホセアはセント・ワーバーの教会区の教区牧師となり、一八四一年に死ぬまでこの町に暮らした。

遠目にはホセアの生涯は他には見られない類の光彩に包まれているようにみえる。確かにホセアはギネス一族の中でも尊重される一員であって、父親の社会活動を引き継いでカトリックへの平等を主張し、下層階級の利害を代弁することもあった。ホセアはまた息子の一人にヴィセシマスという名をつけるほどの古典研究の学者でもあった。永年、ホセアはその学者としての技能を注いで、ギネスの家系を確認しよう、とりわけマギニス一族とつながりがあるという主張を証明しようと努めた。これを聖職者としては似つかわしくない趣味と見る向きもあるが、父親の仕事を誇りとし、その有名な一族の歴史における位置に強い愛着を持つ姿がそこにはみえる。

一見恵まれていたホセアの生涯はしかし苦痛も大きなものだった。妻は二〇人の子どもを生んだが、成人まで生き残ったのは六人にすぎない。歴史家の一人は書いている。

「小さな棺が次から次へと出てゆくもの悲しい光景からは、牧師館での生活の陰鬱な側面の一つがうかがわれる」

さらに、経済的な困窮があった。アイルランド国教会の牧師として、ホセアの給料は「十分の一税」から支払われていた。一八〇一年、統合法によってアイルランド議会が解散され、国教会も合併されて以来、十分の一税は総ての市民が払うべきものとされた。ということは、むろんローマ・カトリック信徒も、自分たちが毛嫌いする教会への十分の一税を強制的に徴集される。これに抗議して、カトリックたちは支払いを全く拒否することも多く、そのためホセアのような聖職者たちの家計が逼迫《ひっぱく》することになった。ギネスの歴史の中ではこの話は何度も繰り返し現れる。というのもギネスの子孫には聖職者になる者が多かったからだ。この人びとは一定水準の生活に慣れてしまっており、しかもその給与は情けないほど不十分であることが多かったから、醸造業に携わる親戚に援助を求めることになった。このことはセント・ジェイムズ・ゲイトの会社の面倒を見ている者たちにとって重い負担になることも少なくなかった。

ギネス家の中で教会には入らず、将来がバラ色に輝いていたメンバーもやがて会社に援助を求める羽目になることが多かった。アーサーとオリヴィア・ギネスの長子エリザベスもその一人だ。エリザベスの結婚は非のうちどころがなかった。夫は建築業者で石切場も所有するフレデリック・ダーリーだった。一八〇九年、ダーリーはダブリン市長となり、エリザベスは市のファースト・レディとなった。エリザベスにはまさにはまり役だった。この時期、ダーリー一族は繁栄した。主に当時の戦争のおかげでダーリー家の扱う商品やサービスの需要が高かったからだ。しかしやがて戦争は終わり、アイルランド全土でインフレが猛威をふるった。フレデリックとエリザベスは結局一族の会社に援助を求め、これを受けることになった。これもまたギネスの歴史の中で何度もくり返されるパターンである。

アーサー・ギネスの他の娘たちの人生のあらすじもほとんど同じである。一七七五年に生まれ、ごく幼くして死んだオリヴィアは別として、他の二人の娘、ルイーザとメアリ・アンは各々父親の死に際して二〇〇〇ポンドを受けとった。しかし二人とも聖職者と結婚し、夫たちはホセアと同じく経済的に困窮して何度も会社に援助を乞うた。

ひょっとすると、アーサーの子どもたちの中で最も悩ましいのはエドワード・リーの生涯かもしれない。かれもまたオータラードの墓畔に立って父親の死を悼んだ一人だ。ハンサムで魅力的なエドワードを見ると誰しも信頼できると思うのだが、当人はその信頼を支える性格に欠けていた。一族はエドワードが法曹界で成功できるだろうと期待をかけ、最高の学校に送って訓練を受けさせた。しかし、三〇代になってもエドワードは自分が有能な人間であると人に認めさせることはできなかった。ミシェル・ギネスは洞察に満ちたその『ギネスの天才たち』の中でエドワードについて次のように書いている。

「かれは意志が弱く、決断力に欠け、優雅な生活の誘惑に抵抗できず、そういう暮らしができるようになるまで自らを律することができなかった。……三一歳になってもエドワードはまったく無名のままだった。人生は難しく、失敗して不平をならした。どんな家族にも困った人間はいる。エドワードはその後長く続く一連の困り者の最初の一人だった」

これは実際以上にこきおろしたイメージにもみえる。とりわけ、当時の新聞記事と照合するとなおさらだ。ダブリンのある新聞はエドワードについて次のように書いている。

「かれは何百人という同胞にパンを与えた。この人びとはその保護のもとで栄えた……人と接するにあたっては率直で丁寧であり、商人としてだけでなく、私人としても紳士として高く評価され、尊敬されていた」

この人物の評価はかくてまったく対照的だ。

とはいえ、事実としてわかっているのは、戦時需要を考えれば確実な投資先と判断して、エドワードが製鉄所に投資する決断をしたことである。法曹界では金輪際成功できないと自認したことはあきらかで、そこでエドワードは巨額の借金をし、その資本をすべてパーマストンとルカンに製鉄所を造る計画に注ぎこんだ。商売の才はまったく無かったエドワードは一八一一年には破産し、その負債額は天文学的なものになっていた。一族のうち醸造業を担当していたメンバーはエドワードを助けようとしたが、負債額はかれらの手にも負えないものだった。収拾をつけることは一族にはまったくできず、とうとうエドワードは当時債務者の駆け込み寺のようになっていたマン島に逃げざるをえない羽目に陥った。そこでは法律によって債権者から守られたからだ。

これは一族の面子にとっては手痛い打撃だった。アーサー・ギネスの息子でセント・ワーバーの牧師の弟が債務者を裏切り、巨額の負債をほうりなげたのだ。なんとかカネを都合してくれとエドワードがアイルランドの親族に訴え続けた手紙の文面は、どんどん悲痛になる一方だった。その末に、かれはマン島で死んだ。これはギネスの歴史の中でも崇高なものとは言えないエピソードの一つだ。もっとも、こうした谷間があるからこそ、同じ歴史の高みがさらに意義深いものになると言えるのかもしれない。

姉妹が結婚した実業家は成功せず、あるいは援助しなければならない聖職者を伴侶としていたし、兄弟たちのほとんどが聖職者か、あるいは投資家としては愚かな者だったとなると、一族と醸造所を二つながら支えることは第二のアーサーと呼ばれることも多いアーサー・ギネス二世の肩にかかってきた。弟のベンジャミンとウィリアム・ルネルとともに、醸造所を守っただけでなく、その後の数十年間に世の中での存在感をはるかに大きなものにする土台を据えることになるのはこのアーサーである。

二代目アーサーの苦難

アーサー二世がセント・ジェイムズ・ゲイトにおける家業の経営者の地位を継いだのは三五歳の時だった。それまでにかれは父親のもとで一〇年間の修行を積んでいた。これは後にギネス家の習慣となる。この一〇年間は家業を学ぶにはこれ以上なく都合の良い時期だった。この間、ギネス社はダブリンの醸造業界で最大の会社となった。一八〇〇年、ギネス社は三〇ガロン入りの樽に換算して一万二六樽のビールを販売した。わずか三年後、この数字は倍増した。さらに二人のアーサーは共同して工場の大規模な拡張を指揮し、エールの醸造をやめてポーターに特化するという戦略的決断を下した。

初代アーサーが息子にかけていた信頼のほどは、社名変更に見てとれる。もともと会社の名は「アーサー・ギネス、醸造と小麦販売」というものだった。小麦販売というのは近くのキルマナムの製粉所をアーサーが買い、管理していたからである。ギネス家としては小麦事業はいずれ醸造事業に匹敵する成功を収めるものと期待していたのは明らかだ。しかしこの社名がダブリン市商工人名録に掲載されてまもなく、掲載されている社名は「ギネス、アーサーと息子、醸造業《ブルワーズ》」に変更された。この変更が行われたのは一七九四年、アーサー二世が父親との共同経営を始めた年である。

一九世紀のグローバル展開

アーサー二世の醸造会社社長としての経歴はたいへんな成功に恵まれた。トップの座についた時、ギネスのビールの大部分は、ダブリンから一日行程の範囲内だけで売られていたが、アーサーはギネスを全世界的なブランドにするという父親の夢を受け継ぎ、販売先を拡大した。協議して計画をたて、実行するというのが、アーサーのやり方だった。一八一六年には、ギネスのポーターは「イングランドの大都市ロンドンで地元の製品とも十分に競争できる」と自慢する一節が醸造所の記録に現れる。しかしアーサーは満足しなかった。西インド・ポーターのアイデアを進めるのに協力し、自分の新製品をギネス社のスター商品にしたいと考えていた。まもなくギネスはバルバドス、トリニダード、さらには西アフリカのシエラ・レオネにまで送られるようになった。

ギネスの販路を拡大しようとするアーサーの努力は報いられた。会社の利益は驚くべきものになっただけでなく、ギネスの名は英語圏全体でブランドとして定着した。ビールの樽は「英軍が行動しているところ、海外在留英国人がいるところにはどこへでも」出荷された。ギネスは兵士たちにとりわけ人気が高かった。故郷から遥か離れた戦場で味わう故郷の味がありがたかったのである。『忘れられて久しい時代』の中で、エセル・M・リチャードソンはワーテルローで負傷したある英騎兵隊士官の日記からの抜粋を挙げている。

多少とも飲んだり食べたりできるまでに回復すると、ギネスを一杯飲みたくてどうにもたまらなくなった。ギネスを手に入れるのが難しくないことはわかっていた。その願いを医師に伝えると、医師は小さなグラスだったらいいだろうと答えた……すぐに私はギネスを注文したが、そのたとえようもない旨さは一生忘れられない。あんなに旨いものは口にしたことがないと思った。あらためて闘志が湧いてきたのには、他の何よりもあの一杯が効いていると私は信じて疑わない。

それからの数十年間に、ギネスの名はチャールズ・ディケンズの『ピックウィック・ペイパーズ』に登場し、『モーニング・ポスト』の編集部の推薦を受けた。その記事は堅苦しい口調で讃美している。

「ギネスのダブリン・スタウトは国内外での消費に自信をもって勧められる。そしてその熟成、純粋さ、健全性は広く社会の承認と支持を受けて当然である」

首相ベンジャミン・ディズレイリまでもがこのブランドを賞めたたえた。一八三七年一一月二一日に妹宛に書いた書簡で、栄えあるこの政治家は報告している。

「ヴィクトリア女王の初の議会での演説の採決が行われ、五〇九票対二〇票でした。それから一〇時に議会を出ました。我々は誰一人食事をとっていませんでした……私は大勢の同僚とともにカールトンで牡蠣とギネスで夕食をとり、一二時半に床に就きました。かくて、これまでの我が生涯で最高の一日が終わったのであります」

信仰と家族と経営のはざまで

ギネスの名声が上がる一方で、経済の大混乱の時期がやってきてアーサー二世の会社経営を実に難しいものにした。まずはナポレオン戦争が終結した。ということは三〇万人の人間が突如として軍隊から放たれ、弾薬や軍需品市場が縮小することになった。大規模な戦役が終結する時はたいていそうだが、失業率が上がり、商売は衰え、インフレが進行した。連合王国は経済不況に突入し、例によって最も苦しむことになったのはアイルランドだった。アイルランドならではの苦痛に加え、一八一七年と一八一九年にはジャガイモが不作となった。後のさらに大規模な災厄の前触れである。

醸造業も落ち込んだ。ギネスは一八一五年がそれまでの最高の年となり、六万六六七二樽のビールを製造した。わずか八年後の一八二三年、生産量は二万七一八五樽で、一八〇四年以来の最低水準まで落ちた。忍耐と賢明な経営のおかげでギネスはかつての栄光をとりもどすが、それには何年もかかることになる。

アーサー二世はこの時期を通じて、かれほどの能力がない人間ならば耐えきれなかっただろう負担に耐えながら、個人的には充実した人生を送った。一七九三年、メリオンのベンジャミン・リーの娘アン・リーと結婚した。残っている記録から見るかぎり、この結婚は幸せなものだった。夫婦は三人の息子をもうけた。一七九五年生まれのウィリアム。一七九七年生まれのアーサー・リー。そして一七九八年生まれのベンジャミン・リーである。実業家としてのアーサーの技量が買われて、金融の分野で高い地位を占めるようになるのもこの時期である。一八一八年、アーサー二世はアイルランド銀行副頭取に任命され、一八二〇年には頭取となった。この仕事はかれの気質によく合い、この方面でも成功する。やがてそのためにアーサー二世は醸造業から離れることになるが、その前に一族内の難しい問題を担わねばならなかった。

一つ重要なのは、アーサー・ギネス二世は深い信仰の人だったことである。父親のゆるぎない敬虔な信仰は息子の魂に深く根を下ろしており、それが福音伝道の火と合体していた。このことはその生涯の終わりにあたって、かれが息子たちに宛てた手紙にも読みとることができる。

我一族の事業が引き続き成功していることで、万能の神へさらなる感謝を捧げねばならぬとともに、我らはまた主イエス・キリストに示された主の恩寵の限りなく高まりゆく祝福をつつましく求めるものである……完膚なきまでに邪悪で罪深い者に対し主が堪え忍ばれ、長く苦しまれたことを述べ、恩寵によりて一時たりとも休まずに聖霊のお導きのもとに暮らすことができるよう祈り、救われし罪人たちのために神の子羊が貴重な血で贖われた、かのとこしえの休息の地に神の呼ばれることを辛抱づよく待つのは、まことに吾人に似つかわしいことである。

こうした形の信仰を醸成したのは主にベセスダ教会である。アーサーとその家族は日曜の午前中ここで過ごすことが多かった。アーサー二世の時代、大覚醒（訳注＝プロテスタントの信仰復興運動）の炎はまだアイルランド全土を舐めるように燃えさかっており、アーサー自身がその託宣を進んで広めていた。かれの精神的指導者である牧師はベンジャミン・マシアスという人物で、信仰復興と改革を大胆に説く説教師であり、その著書には『人類の破滅と復活にかかわるものとしての改革の原則とイングランドおよびアイルランド統合国教会の原則の吟味』なるタイトルのものもあった。アーサーはキリスト教がきっぱりとして熱烈であることを好み、その信仰の形がアーサーの人となりの大部分を形作っていた。

アーサー二世の福音主義的信仰は一族の中のアイルランド国教徒と緊張関係を生むこともあった。アイルランド国教会は実質上アイルランドにおける英国教会《アングリカン・チャーチ》であることに注意しよう。より謹厳で儀式を重視するアイルランド国教会の信徒が、ベセスダ教会で行われていた、荒々しく、時には混沌とした復興主義の福音派信仰とは相容れないと感じるのも無理はない。さらにはこうした緊張関係が、ギネス一族のような、一体感の強い大家族において表面化することも無理からぬことである。

しかしアーサー二世の信仰が単に感情的感傷的なものではなかったことは、一族のうちで貧窮している者たちの面倒を見たその様子に何よりも明らかに示されている。醸造所の舵取りを務めていた間、アーサーにはカネをくれという要求が殺到した。自前では生活を支えられない聖職者の親族や、投資で失敗した親族、さらには自分の生活はなんとかなるが子どもたちの面倒を見てくれという親戚が訴えてきたのだ。下手をすれば押し潰されかねないほどだった。そうした訴えの一つへの返信でアーサー二世はこう書いている。

「様々な予期せぬ要因から、神の恩寵の賜物として、我が愛しき親族たちの家計に大きな影響をこうむっております。個人やまるまる一家全体で、生計のすべてや一部を小生に頼っている者が多数おります。（中略）そのため、小生と小生の息子たちの会社は神のおかげをもって繁栄しておりますが、貴殿がお考えになっているように余剰金を積立てられるほどの余裕はありません。このままでは小生はキリスト教徒としてふるまうことができかねると思います」

実際にはアーサーが親族たちを援助するのに醸造所の資金だけではなく、自らのポケットマネーで応えたケースも多数にのぼった。たとえば何度も繰り返し訴えてきた無責任な弟のエドワードである。自分よりも運に恵まれない一族の面倒を見ることは自分の義務であるとみなしていたことは明らかだが、時には親族たちも自分で自分の面倒ぐらいはみてもらいたいと思ったことも確かである。妹に宛ててこう書いたこともあった。

「愛しいオリヴィア、すべての支出をきちんと記録していれば、もう少し楽に判断できるようになると思うのだがね」

成功している兄としては、一族の災難の根底には家計の処理がきちんとできていないことがあるとわかっているから、やんわりとたしなめたわけだ。

可能なかぎり気前良く援助していたにもかかわらず、アーサーの措置は不当だと考える一族からの怒りに、かれは耐えねばならなかった。これは苦痛だった。アーサーの怒りと切なさをまざまざと感じられる一通の手紙が残されている。兄のホセアに宛てたもので、ホセアはアーサーはエドワードへもっと援助するべきだとまで言ってきたのだった。

親愛なるホセア兄

兄上にこのようにお答えすることは苦しく、また辛いことであります。ましてや、自分が兄上を心より敬愛し、その金銭上のご意見を尊重しているとなればなおさらです。ですが、万やむをえず一族の金庫番としての役割を背負わされている以上、小生としては現下の状況においては率直に申し上げねばなりません。（中略）エドワードは我々の事業にいったい何を求める資格があるのでしょうか。事業から年間配当金を払われる資格を得られるような、どんな仕事を、事業に対してしたでしょうか。たとえ一年のうちの一部にしても、です。もちろんしてはいません。エドワードが「一族の存続から将来利益を期待」できるという根拠はいったい何でしょうか。そんなものはありはしません。

幸いなことにアーサーは自ら反省することの強い福音主義者であり、腹を立ててもいつまでも根にもつようなことはしなかった。その代わり、アーサーは仕事のすべてを神に捧げようと努めた。息子のベンジャミンに書いている。

「現世での我々の義務に精励することはキリスト教徒として欠くべからざる義務ではあるが、一方で我々はそれよりも気高い、救世主イエスの形で示された天命に集中するという義務を持ち、我々はこの義務にこれ以上ないほど精励しなければならないことを忘れないように」

この「現世での我々の義務に精励すること」には当然醸造所の経営も含まれるわけだが、この方面ではアーサーは会社を新たな高みに導くことができた。一八二一年、なお不況からの回復過程にありながら、ギネスは三万五一九バレルのポーターを販売した。一八二八年にはこの数字は四万二三八四バレルに達した。それからわずか数年でギネス社はアイルランドの他の醸造業者をすべて抜きさり、年に六万八三五七バレルを生産する。これは一八三三年のことで、それ以後、この数字は頂点として君臨し続けた。

銀行家としての二代目アーサー

一八二〇年前後にアーサー・ギネス二世が醸造業での仕事から完全に離れ、金融業だけに専念するにいたった理由を正確に掴むのは難しい。醸造業は軌道に乗っており、他の者たちに任せても大丈夫だと思ったのかもしれない。あるいは、一族内部からひっきりなしに寄せられるカネについての不平や愚痴にうんざりし、ひと息つきたかったのかもしれない。さらにまた、一族だけでなく、国全体が苦しんでいた宗教的緊張に疲れはててしまったとも考えられる。

ギネス一族はカトリックの市民権を強力に擁護していたにもかかわらず、自分たちが援助しようとしていた当のカトリックたちから悪意に満ちた攻撃を受けることになった。これは一八一二年に起きた文書捏造事件が原因となった可能性が大きい。この年、反カトリックの過激派が英国政府に対し、カトリックへの権利容認に反対する請願をいくつも送った。その請願の一つに、ギネス一族の数人の名前が含まれていたが、これが捏造されたものだった。アーサー二世は怒り心頭に発して捏造犯の氏名に五〇〇ポンドの懸賞金をかけた。が、信用はすでに損われてしまっていた。地元の新聞はこのような請願に署名することは、これまでギネス一族が行ってきたことからして全くありえないと主張しつづけたにもかかわらず、カトリックは疑惑を抱いた。微妙な立場に立たされたカトリック評議会は、ギネス一族は「アイルランドのカトリックの信頼と感謝」を受けるに値するとかれらを擁護する決議を採択した。

アーサー・ギネス二世（二代目アーサー）

カトリック過激派は納得しなかった。一八一三年一〇月、さる人気のあるカトリックの諷刺雑誌はギネス一族の棟梁を攻撃する次のような詩を掲載した。

お耳には入っているだろう

異端のビールのことは
教皇を毒するために造られているという
造った男を隠すのは罪というもの
男の名はアーサー・ギネス
望みもない救済を求めてのこと

攻撃はますます愚かしいものになっていった。カトリック信徒の中にはドクター・ブレナンなる人物の主張に心動かされる者もいた。ブレナンによれば、ギネスには一三万六〇〇〇トンの聖書と荷車五〇万一〇〇〇台分の聖歌集とプロテスタント教理問答が注入されている。ギネスは「反教皇ビール」であって、忠実なるカトリックの飲むべきものではない、というのだった。純粋にプロテスタント信仰に対する攻撃というよりは、ギネスの売上を減らそうという試みだったが、結局目的は果たせなかった。

それでもプロテスタントとカトリックの間の緊張にアーサーは神経をすり減らし、会社からはますます離れて、自身の金融業の方に身を入れていった。息子たちのうち若い方の二人、アーサー・リーとベンジャミン・リーが、だんだん長くなる父親の不在を埋めて、会社の経営にあたった。長男のウィリアムは聖職者としての人生を選び、ギネス家の後継ぎの中で醸造業の代わりに宗教生活を選んだ二人目の人間となった。

今や七〇代にさしかかったアーサー二世はほとんどの時間を兄のホセアから購入したボーモント・ハウスで過ごした。この時期に、未婚の娘を五人家に抱えるという奇妙な体験もしている。この娘たちの面倒を見、友人たちを接待してアーサーは気を晴らした。それまでよりも静かな生活を求め、孫たちの相手をしたり、醸造業を経営している息子たちをおだやかに指導することを愉しんだ。アイルランド銀行総裁としてかつては国王ジョージ四世をもてなしたこともあったが、アーサーは公的な生活を避け、政治への熱意も徐々に失っていった。息子から議会に立候補してほしいと頼まれた際にも、アーサーは慎重な姿勢を勧めた。

これまでに二度、私が同様の勧めを受けたことを覚えているだろう。いずれも勧めた本人たち自身が候補者で、私が出馬すれば私が有利になるよう立候補をとりさげるという申し出だった。当時私は、大都市、とりわけダブリンのような都市で議員の職を奉じるようになれば、そこでは政党間や党派間の闘争が著しく盛んであり、我々のような事業を営んでいる者ばかりということであれば、さらに困難と危険に満ちることになると考えた。今もそれは変わらない。

アーサー二世本人は平穏な隠居生活を求めていたのかもしれないが、二つのできごとがその望みを断ち切ることになった。一つ目は息子のアーサー・リーが、醸造所の共同経営者からはずしてもらいたいと言いだしたことだった。これは手痛い打撃で、息子の決心にアーサー二世はひどく悲しんだ。三代目「アーサー」にあたるアーサー・リーは身の回りの管理ができず、借金で首も回らなくなっていたらしい。それに加えて自分には強力な経営者になれる素質はなく、関心があるのは別の方面、芸術と哲学であることも自覚していた。アーサー・リーは父親を傷つけたと思うと打ちのめされた。その苦悩を如実に物語る手紙が一通残されている。

父上

父上がお許しになってくださったとしても、私のふるまいは父上に向けてとうてい言訳できるものではないことは重々承知しています。父上にお許しをいただくことなどお願いできる筋でありませんが、すでにお許しをいただいたと私は感じており、心より感謝致します……何と申しあげたらよいかわかりませんが、父上が昔から私に対していつでも示され、今回いつにも増していただいたご親切は尋常なものではなく、私にはもったいないほどであると、衷心《ちゅうしん》より感じているのです。

できることなら、人もあろうに父上のお心を傷つけるなどということは金輪際するはずがないことは、どうかご理解ください。父上のお気持ちは私にとってはこの上なく神聖なものであり、私が自ら今回の事態を招いたことは、私にとってこの上ない苦痛となってもう長いのです。この件について父上のご意向には、どんなものでも、細心の注意をはらって従う所存です。

アーサー二世は息子の苦しい立場に心を動かされ、アーサー・リーを会社の経営責任からはずし、負債をすべて支払ってやることにした。この寛大な措置によって息子はダブリンのすぐ郊外に家を買うことができた。しかし、その後の息子のこの家での暮らしぶりには、父親としても喜ぶわけにはいかなかった。アーサー・リーは古代世界の神秘思想にどっぷりと漬かりこんだのだ。絵画を収集し、汎神論的な詩を書いた。自らをギリシャ神話にでてくる神々の一つと思いこみ、その役柄にふさわしい服装をした。つまりは愚かで退廃的な人間になってしまったのだ。これは一族にとっても、今や人生の終わりにさしかかったアーサー二世にとっても、はなはだ困ったことだった。父親が何より心配したのはむろん息子の魂のことだった。父親は、「息子が主なるイエスの福音の価値観に目覚めて、はかり知れぬほど貴いその真実の教えに帰依したという何らかの徴《しるし》」が見られないかと期待した。そのような徴はなかなか現れなかった。

人びとの窮地を救え

アーサー二世の心はしかしまもなく、息子のふるまいに失望する暇はなくなってしまった。恐るべきジャガイモ胴枯れ病がアイルランドそのものを滅ぼしかねない勢いを見せだしたからだ。一八四五年のジャガイモの収穫は全滅し、人口の三分の一はジャガイモを唯一の食糧としていたから、急速に飢饉が拡がった。被害は驚くべき大きさになり、人びとは次の年の収穫が回復することを願った。しかし胴枯れ病の黒い斑点は再び現れた。敏感な人びとはこの疫病が一世代は続くものと覚悟した。政府の態度が定まらないうちに、何千何万という人びとが死んでいった。腐敗した死体は路地をふさぎ、死臭がたちこめた。苦痛から解放するために自分の子どもたちを殺した母親の話が広まった。

隠居していたアーサー二世はこの事態を注視するよう、ベンジャミン・リーに促した。

「アイルランドからの報道はあいかわらずなんとも恐るべきものだ。政府は尽力してはいるが、これに民間人が奮起して力を合わせる必要があることも明々白々だ」

善良なるアーサーの純真さが最も発揮された瞬間だった。同じ社会階級に属する人びとの大半はそうだったが、アーサーも政府はなんらかの対処をしていると考えたのだった。政府は何もしていなかった。そして一八四八年、胴枯れ病は再び流行し、アイルランドの人びとは苦しみのあまり正気を失うにいたった。何千何万という人びとが国を脱出しようと試み、満載の船の上で死んでいった。さらに何万何十万という人びとが飢えと病気に追いつめられ、今度は飢えのあまり気が狂った母親が自分の子どもたちを食べたという話が広まった。アイルランドそのものが地獄のありさまとなり、アーサー二世は行動に立つよう息子のやる気をかきたてようと努めた。

昨夜の『ロンドン・レコード』にはコナマーラを訪れてゴールウェイの別の地域へもどったばかりの読者からの投書が載っていたが、そこに描かれたコナマーラの貧窮の情景は極端なまでに恐ろしく悲惨なもので、これまで我々が見聞したことがないほどだ。限りなく慈悲深き我らが主のお導きによって、我が国政府と可能な手段を持てるすべての民間人が、我が国の不幸な貧困層の人びとの苦しみを少しでもやわらげる方策を講じるよう祈る。この施策に協力するのに我々として何ができるか、どのような形であれ知らせて欲しい。ベンよ、私の金庫は必要とあればいつでも開いていることはわかっているはずだ。

ダブリンのギネス醸造所の最上階に陣取っていたベンジャミン・リーには危機の全体像がなかなか掴めなかった。それでもまもなくかれも反応し、一族と会社の双方が惜し気なく資金を出して人命を救った。奇妙なことだが、この際先頭に立ったのは愚か者とされていたアーサー・リーだった。ダブリン郊外にあって、農村地帯の悲惨な状況に他の者より近かったアーサー・リーは、あらゆる手段を講じて、周辺地域の農民たちを援助し、自らの荘園で働く人びとの面倒を見た。それがなければ確実に死んでいたはずの家族がいくつも救われた。アーサー・リーに仕えていた人びとは感謝の徴として、コナマーラ産大理石でかれを讃えた小さなオベリスクを建て、次のような言葉を刻んだ。

一八四七年
スティローガン・パークの
アーサー・リー・ギネス殿のために

悲惨なる災難の時にあたって、殿の施しのおかげで圧倒的な貧窮から守られた、
殿の忠実なる僕たちの尊崇の証として
地元の産物から造られたこのささやかなる証をうやうやしく捧げるものである。
この色によって、恩恵の記憶はアイルランド人の魂に
いつまでも生き生きと《グリーン》残るであろう。

アーサー・ギネス二世が祖国の苦しみをやわらげるのに一役買うことができたのみならず、老齢になってもおのれの人生、一族、醸造事業を見渡して、信心深い感謝の念を抱くことができた、といえるのは私たちとしてもよろこばしいことだ。かれは書いている。

「我が肉体の健康と精神の明晰とは、八四歳になんなんとする者としては例外的なまでによく保たれている。この長すぎる旅路の一歩一歩が我が神のお慈悲の徴である」

　さらに、アーサー二世が資金を出していた慈善事業の大半が成功していた。煙突掃除人の境遇改善のために設立された団体から、アイルランド農業協会や父も関わっていたミース病院の事業にいたるものだ。これらを始めとする同胞のための活動に則して、『フリーマンズ・ジャーナル』はアーサー二世を「我が国で最も傑出した市民」と呼んだ。その統率のもとで醸造事業がかつてない繁栄をとげていることに感謝したベンジャミン・リー宛の書簡の中で、アーサーはこう書いている。

「こうなれば、『あらゆるものを十分に持てるようにしてくださった』我らが神に、引き続き感謝の念をささげつづけなければならない」

アーサー二世は一八五五年六月、八七歳で死んだ。その一生は恵まれたものであり、かれが信ずる神の栄光に生き、一族の伝統を将来の世代へと延ばしたものだった。アーサーの人生はこの世の則《のり》を超えた目的のためだったと納得したダブリンの人びとは、次のような哀歌でかれを讃えた。

今やダブリンの街は喪に服す
その第一の市民が葬られるのだ
さらば――とこしえに――
名誉あるこの人は死んだ――
国中の貧しき者も富める者も
名声高きギネス氏を誇りとしていた
死んだと――否――かの人はさらに栄光ある岸辺に生きている
かの人は生きている――ただ、我らとともには生きておらぬのみ

三代目、ベンジャミンの経営手腕

父が死に、兄のアーサー・リーは事業から手を引いたことにより、ギネス醸造事業の指揮をとることになったベンジャミン・リーは、大胆で精力的に仕事を進めることを常とした。かれは一六歳で徒弟として出発した。六年後には共同経営者になっていた。その才能は誰の眼にも明らかで、アーサー二世が金融事業に入れこんでいる間に、一八四〇年以降会社を劇的なまでに拡大したのは、息子ベンジャミンの裁量によるものだったことは知らぬ者がいなかった。

父親がまだ生きている頃から、ベンジャミンは会社の外でも名を揚げていた。一八五一年にはダブリン市長に選出された。その当選を祝う華やかさはアーサー一世だったら許さなかっただろう。しかしベンジャミンの頃には服の仕立て方も変わり、時代が変わっていたのだ。アーサー二世はそのことを理解したが、妻ベッシーが病弱だったためベンジャミンが議会への立候補を断念した時には、父アーサーは喜び、「おまえをこの幸せな決断に導くよう恩寵を下された」神を讃えると息子に告げている。

会社の経営者となった時、ベンジャミンは宿命が用意した舞台へ踏みだす者の自信に溢れていた。自分は自分なりのやり方で会社を経営するというその意志を最もよく象徴するのは、家族の住まいを変えたことだろう。醸造所から通りを隔てたほとんど真向かいにあるトマス通り一番地から家族の住まいを移して、ここを事務所としたのだ。そしてダブリンでも高級住宅街だったセント・スティーヴンズ・グリーン八〇番地の、豪華なタウンハウスを購入した。さらにまもなく、隣接する八一番地の家も買い、間を隔てる壁を壊し、贅沢な屋敷を新たに建てた。ここはやがて王侯貴族のようなもてなしの中心となり、このもてなしはギネス家新世代のトレードマークとなった。

ベンジャミンの会社の経営もまたユニークで、時代を画するものだった。デレク・ウィルソンはその実に貴重な『光と闇——ギネス一族の物語』の中でこう書いている。

「父親の死から本人自身が死ぬまでの一三年間にベンジャミン・ギネスの人生とその醸造所に起きた変化は『革命的』と呼ばれるにふさわしい」

ベンジャミンはギネスの販路拡大を意図し、それも劇的に拡大しようとした。まず海外市場に狙いをさだめた。ともに優秀な戦略家だった従兄弟のエドワードとジョンのバーク兄弟を巻きこみ、ベンジャミンは海外流通会社を設立した。一八六〇年にはギネスは遠くオーストラリアや南アフリカに輸出されていた。

しかしベンジャミンの治世におけるギネス・ブランドの最も劇的な拡大はアイルランドの国内市場でのことだった。鉄道輸送の発達とアイルランド国内の運河の改良を利用して、ベンジャミンは故国の国内市場でのシェアを四倍にしてのけた。こうして故国との結びつきが強まったことを象徴するのは、ギネスの紋章としてアイリッシュ・ハープを使うという決断である。これは一八六二年のことで、市場開拓のために会社がくだした判断として最も成功したものの一つであることが後に証明されることになる。

ギネスの紋章のモデルとなったハープは長らくトリニティ・カレッジに置かれており、アイルランドの人びとにとって何より大切なものとされていた。ブライアン・ボリューのハープと呼ばれるこの楽器は、デーン人からその領土を解放した一〇世紀の伝説的ハイ・キングの遺物とされる。ある歴史家はこのハープを「アイルランドで最も尊敬される無生物」と呼んでいる。この象徴が祖国への愛情をどれほど引き起こすか、言葉にするのは難しい。ブライアン・ボリュー（英語化されて「ボルー」とされることも多い）がアイルランドの人びとに愛されるのは、後世のロマンチストの言葉を借りると、「エリン（アイルランド）の男女を異邦人の不公正な桎梏《しっこく》から解放した人物」であるからだ。ギネス社がこれをその紋章に選んだのは、世界的にゲール芸術への関心が高まり、アイルランド人が祖国への誇りをとりもどしはじめた時期だった。ジャガイモ飢饉に続いて一〇〇万人もの人びとが国外へ脱出した時には祖国への誇りは地に落ちていたのだ。アイルランドの伝統と勇敢さの象徴を冠にいただいたギネスの売上は国の内外でうなぎのぼりとなった。在外アイルランド人たちにとってギネスを飲むことは愛国的行為となったのだった。

貴族となった企業家

ギネスの市場が拡大し、会社は今やアイルランドの誇りと技術の粋《すい》の世界的な象徴となって、ベンジャミン・リーは大いに栄えた。アイルランドで最も富裕な者となり、議会に選出され、ロンドンのパーク・レーンに家を購入し、ここは優雅な生活と交際の中心となった。如才ないベンジャミン・リーはイングランド上流階級の友人を多数獲得した。このことはアイルランドにとっても、ギネス社にとっても、そしてもちろんベンジャミン・リー本人にとっても有利に働いた。かれはギネス家の人間として初めてナイトに列せられた。

ベンジャミン・リーがどれほど尊敬されていたかは、当時刊行された一冊の書物『事業から作られた財産または成功した人びとの苦闘の人生』にあざやかに描かれている。著者名は明らかにされていないが、産業のこの黄金時代に書かれた多数の本と同じところを目指している。すなわち前代未聞の大きなチャンスの時代にあって、個人として成功するよう読者を奮起させようとするのだ。カーネギーからクルップ、ロスチャイルドやロックフェラーといった幅広い人びとがとりあげられているが、いずれも成功して偉大な人物となる特質を蒸留してとりだそうとする視点から書かれている。

当時の気取った調子で、この書物は断言する。

「ベンジャミン・リー・ギネスはその事業を完璧に牛耳っていた。その精力的指導のもと、会社の創設者が夢想だにできなかったほどの規模に達することは明らかだった」

例えば海外へ販路を広げるという決断はベンジャミンが「その全体像を慎重に徹底的に検討した上で、会社の方針と伝統にかくも重大な変更を加えて、ギネス製品を輸出の条件に合わせる、すなわち諸外国でのそれぞれにいくらか異なった嗜好に適応させ、輸出の目的のためだけに何種類ものポーターを新たに導入した」結果として下された。

そこから生まれた成功によって工場の拡張が必要になったが、上記の書物によれば、この方面でもベンジャミン・リーは名手だった。

「かれはモルトとホップの製造と貯蔵のための新たな建物を造り、マッシュ用のものとしては空前の巨大な容器を導入し、まったく新たな水の供給を確保し、加熱のための巨大ボイラーを何台も新たに据え、とほうもなく大きな醗酵用桶《タン》、法外なサイズの冷却器など、多数の機械を備えつけた。これら全体からなる醸造のための複合施設は他のどこにもないものだった」

この本がベンジャミン・リー時代のギネスの驚異的成功は大部分、ベンジャミン個人の経営手法のおかげであるとしているのは、おそらく正しいだろう。次に掲げる文章は同時代のベンジャミン・リーの肖像として典型的なものだ。当時の読者は、まさにこのような形で実業家の天才の秘密に迫る文章を求めていたのだ。

早朝から夜遅くまで、その姿は醸造所で見られた。経営にともなう様々な指示を出すだけでなく、あらゆる部門について多かれ少なかれ自ら責任を引受けて、事業のあらゆる方面での日々のふるまいを見守っていた。責任を適切に他人に任せなかったというわけではない。実際には部下たちに任せていたし、幹部として登用した人びとに恵まれただけではなく、取引がふくらむにつれて様々な柔軟性が必要になってくることも感じとっていた。

しかし、ベンジャミン・リーは厳しい態度で部下にのぞむタイプではなかった。厳しさよりも優しさで統制をとる方が良いと信じていたからだ。人が最も能力を発揮するのは、自分の仕事が評価され、求められていると感じられる時であることをよく知っていたのである。醸造所になんらかのつながりをもって働いている者なら、その仕事がいかにつつましいものであっても、ベンジャミン・リーが個人的に知らず、親しい関係を持っていなかった者は一人としていない、と言われる。

「ギネスの巨人」への賛辞をささげて、この本の著者はベンジャミン・リーの性格と、アイルランドの人びとがかれに対して抱いていた高い評価を言祝《ことほ》いでいる。

ベンジャミン・リーがダブリンで占めていたきわだった地位は類例のないものだった。当時、生まれ故郷たるこの街を基盤とする事業家として卓越した存在であると認められていただけでなく、公共精神にあふれた人物でもあった。同胞のために善をなすことを喜びとしていた——いやほとんどそれを熱烈に愛していたといってもいいかもしれない。そして積極的に世のため人のためになすことにも、その巨大な事業の運営に入れこむのと変わらずに献身的で熱烈にのぞんだ。なにごともとことんまでやらなければ気がすまず、人はどう生きるかについて、崇高な考えを常に持っていた。こうした人物が周囲の人びとから愛され、尊敬されたのも無理はないし、ダブリン市民が与えることのできる可能なかぎり最も高い栄誉を贈られたのも当然のことだった。

とはいうものの、自社の経営に驚異的な成功を収めたと高く評価されている一方で、アイルランド人の記憶の中で愛すべき存在としてベンジャミン・リーが生きているのは、聖パトリック大聖堂の修復資金を出し、これを監督することを決断したためだった。一一九二年に建てられたこの大聖堂はアイルランドにおけるキリスト教の輝ける歴史的な象徴だった。アイルランドのキリスト教徒が誇りをもって顧るものは大部分、この聖堂を源としていた。聖パトリックがアイルランドで最初の信徒たちに洗礼を施したその場所に建てられたものだったし、一八世紀にはジョナサン・スウィフトが執事を務め、ヘンデルの『メサイア』の初演がなされた場所でもあり、そして、そう、アーサー・ギネス一世が自らの精神的なよりどころとした聖堂でもあった。しかし一八六〇年には、由緒あるこの教会も老朽化があまりにひどく、建物全体がいつ崩壊してもおかしくないと心配する声が大きくなっていた。

ベンジャミン・リーは自分で手をくだすことにした。かれを知る人びとの大半がこの決断に驚いた。ミシェル・ギネスが書いているように「『スペス・メア・イン・デオ（我が希望は神にあり）』が一族のモットーではあったものの、ベンジャミン・リーは神に頼るよりも自助努力の福音を頼りにしているとみえることが多かった」からだ。かれは精神的なことにはあまり熱心ではない態度を保ち、どちらかといえばベセスダ礼拝堂を中心とした福音主義的なキリスト教よりも、形式をより重んじるアイルランド国教会を好んだ。妻のベッシーはベセスダ派を奉じていたから、当然のことに夫の魂が救われないのではないかと恐れるようになった。長年、病に伏し、自らの死を見つめ、またそれが夫にどのような影響をおよぼすか苦慮していたベッシーは息子の一人に宛ててベンジャミンのことを心配していると書き送っている。

どうか、悪い仲間とはつきあわないように。つまり俗な人たちのことで、とても心配なのです。それにパパが俗な女たちにむかわないように守ること。パパをそそのかす向きは多いでしょうし、またパパもつかまりやすいから。パパは再婚してはいけないと言っているのではありません。ただ、再婚するなら相手は来世に赴く時にパパを助けてくれる人であるべきで、現在のことだけを考えたり、現世の人生だけを考えるようにしむける人であってはならないのです。

とはいうものの、家族の者も知らないままに深く秘められていた敬虔の想いからか、あるいはより愛国的な感情からかはともかく、ベンジャミン・リーは聖パトリック大聖堂修復に全身全霊を傾けた。この事業にかれは一五万ポンド強の資金を投入した。当時としてはたいへんな金額であり、こんにちのほぼ四〇〇万ポンドに相当する。さらに作業の指揮を自らとった。修復には五年かかり、その間ベンジャミン・リーはほとんどの時間をこの事業にとられたが、結果としてできあがったものは、アイルランドのキリスト教とギネスの気前の良さの双方を後世に残すものとなった。『事業から作られた財産』の無名の著者が書くところによれば、「かれは当時最高の建築

ギネスによる第２次修復中の（アイルランド国教会の）聖パトリック大聖堂を庭園から望む

技師を雇った。そして一八六五年、修復された建物が再開された時、かつての栄光がとりもどされただけではなく、修復者（ベンジャミン）の業績は記憶に残るだろうと思われた。かれは醸造事業の経営で身につけていた勤勉さをもって修復事業にも取り組み、事業を自ら監督したのだった」。

一八六八年五月一九日、ベンジャミン・リー・ギネスがロンドンで死んだ時、追悼記事は口をそろえて、かれはギネス社を根本的に変えたと述べた。確かにその通りだ。かれは工場の規模を三倍にし、それによってギネスの工場は世界最大の醸造所の一つとなった。ギネスの市場を国の内外で劇的に拡大し、その過程でアイルランドで最も裕福な人物となった。死にあたって残した遺産は一一〇万ポンド以上の巨額にのぼった。その経営者としての業績の中で最も驚くべきものは、数年後に会社の報告書で明らかになった事実だろう。一八三七年から一八八七年の間にギネスの売上は三〇倍になっていたのである。

しかしかれの賢明な判断はそこで終わらなかった。もう一つ、その死後に明らかになったことがある。ベンジャミン・リーは遺言の中で、息子たちが「かくも長年祖先たちが働いてきたのと同じ場所で」仕事を続けるようにと言い残していた。ベンジャミン・リーには息子が二人いた。アーサー・エドワードとエドワード・セシルで、二人とも醸造所で仕事の訓練を受けていた。しかし父親が死ぬ頃にはアーサー・エドワードは醸造事業から離れ、政治に生きることをめざしはじめていた。かれは国会議員に選ばれ、そちらの方が性に合うことに気がつき、父の死後一〇年経たないうちに、弟に自分の株を買い取るよう求めた。

ベンジャミン・リーはこのようなことが起きる可能性を見通していた。遺言でかれは「醸造事業は分割または分売せず、現状のままで存続させる」よう指示していた。一族の事業を離れることを選んだ息子は「その兄弟に株式を売却し、当該事業は他のいかなる人間にも売却しない」よう望んでいた。まさにこの通りのことが起きたのだった。一八七六年、アーサー・エドワードは持分である半分の株式を六〇万ポンドでエドワード・セシルに売却し、正式に醸造業から手を引いた。会社が確実に一族の手に残る方策を決めておいたベンジャミン・リーのみごとな判断のおかげだった。ギネスの歴史家が二人までも書いている。

「ベンジャミン・リーはヴィクトリア朝の実業家として典型的だったが、その大半にくらべて遥かに遠く将来を見通していた。巨大な富のゆえに次の世代がさらされる誘惑の大きさに気がついていたのだ」

世界トップクラスの企業にした四代目、エドワード・セシル

一八六八年のベンジャミン・リーの死後、息子のエドワード・セシルが会社を率いることになった。八年間は兄のアーサーとの共同経営、アーサーが政治に専念するため会社の株を売却した後は単独で経営にあたった。エドワード・セシルの治世は劇的な繁栄の時代だった。かれが父親から受け継いだ時、醸造所はアイルランドでは最大、世界でも十指に入る規模だった。一族の会社に自らの刻印を押す頃までに、エドワード・セシルはギネスを史上最大にして最も成功した醸造会社に押し上げていた。初期の数字からして驚異的である。エドワード・セシルとアーサーが共同経営していた八年間に、年間出荷量

ダブリンの聖パトリック大聖堂内で
ギネス家専用席にすわる著者

は一八六八年の三五万四一一バレルから一八七六年の七七万八五九七バレルに倍増した。それ以後、年間出荷量は毎年五％ずつ増え、一八八六年には一〇二万バレルを超えた。

エドワード・セシルの人となりは父親とは違っていた。どちらも裕福な暮らしを楽しみ、スポーツや娯楽を紳士として楽しむ術をこころえていた。エドワード・セシルの経営のスタイルはベンジャミン・リーほど直接的な、現場本位のものではなかった。先に見たように、エドワード・セシルの父親は精力的にどこにでも現れる人間で、ギネスの工場の最下層の従業員にとってもその顔は見慣れたものだった。かれは人好きのする人間で、話がしやすく、従業員一人ひとりのになう責任を把握しようと努めた。オーナー経営者であった間に会社の形を変えていったのは、観

聖パトリック大聖堂南入口付近にある
ベンジャミン・ギネスの彫像

聖パトリック大聖堂内のギネス家を顕彰する
ステンド・グラス

察と経験と現場監督を通じて得た叡智の賜物だった。息子のエドワード・セシルのスタイルは対照的だった。かれは途方もない富に囲まれて育ち、特権を持つ人間の暮らしに慣れ親しんでいた。会社を新たな高みに導くにしても部下たちに権限を与えて任せる形をとった。任された人びとがとび抜けて有能だったのである。

このスタイルは時代の要請にも合っていた。エドワード・セシルの時代の人間が体験していた変化の速度を適切に言いあらわすのは難しいが、一つ例をあげて説明してみよう。アメリカにその例をとれば、一八六一年から一八六五年にかけて戦われた南北戦争では、八〇年前の独立戦争とほとんど変わらないライフル、騎兵突撃、大砲、戦法が使われた。五〇年足らず後の第一次世界大戦で使われたのは、機関銃、手榴弾、航空機、潜水艦、レーダー、毒ガス、戦車である。この二つの戦争の間のテクノロジーの発展には、たいていの人間は肝をつぶすだろう。この時期に成功した企業では、信頼のおける専門家や部下に権限を任せる形をとっている。ギネスはその最も成功した例である。

エドワード・セシルは一八四七年に生まれ、トリニティ・カレッジ・ダブリンに学んで、文学修士と法学博士の学位を取った。その向こう見ずな姿勢から、エドワード・セシルを単なる伊達男、上流階級のろくでなしと見る者もいた。しかしかれは一見そう見えて実は切れ者であり、人生に対して本来のものよりも無頓着な装いをまとう術にたけていた点で、当時の典型的な男性だった。せりふの覚えが早く、時代の風潮にぴったり合っていて、巨大な野望を持ち、富と特権から得られる可能性をとことんまで追求しようとしていた。

エドワード・セシルがアーサーと共同経営していた時期にも醸造所は繁栄していたが、一〇年後の繁栄はそれとは比べものにならなかった。エドワード・セシルは新たな事務棟とホップと麦の貯蔵施設を建てた。また、セント・ジェイムズ・ゲイト一番地の醸造施設の建設も進めた。これはマッシュ用醸造桶《タン》を四つ収めた超巨大な設備だったが、まもなく桶の数は八個に増やされた。父親譲りの先見の明をそなえていたエドワード・セシルは、リフィー川を使った運送は、その量が増えているだけでなく、自社にとっての重要性も増していることに気がついていた。そこで醸造所と川の間の宏大な土地を購入し、会社が桟橋に直結して、さらにはダブリン港に通じることができるようにした。こうして開いた新たなルートを活用するため、一八七七年、艀《はしけ》の一大船隊を雇いいれた。この艀の船団はアイルランドの水運路に戦略的通路を確保したギネスの象徴として長く続くことになる。

数々のイノベーション

眼のまわるようなこの拡大の時期をうまくまとめてくれているものに、後の主任醸造技師D・オゥエン・ウィリアムスの記述がある。

一九世紀に取引は拡大を続け、おかげでギネスの工場と建物の規模は取引の規模にいつも

1890年のトリニティ・カレッジ

追いつけずにいた。一八七〇年から一八七六年の間に、醸造棟はほとんどそっくり建て替えられた。貯蔵容器、エレベーター、製粉機、漏斗装置《ホッパー》など、モルトの受け入れと貯蔵とその下拵え《したごしら》えに必要なものを収容する施設が新たに建てられた。醸造桶《キーヴ》も一八六五年、四つあったものが八個に増やされた。醸造と醱酵に必要なプラントも、これにしたがって増築された。その中には新造の桶《タン》やスキマー（表面の酵母をすきとる装置）や大桶《ヴァット》棟もあった。大桶《ヴァット》棟は七二個の大桶《ヴァット》を収め、大桶《ヴァット》の数は合計一三四個になった。こうした拡張はほとんどが昔からの敷地の中で行われたが、使える土地はもう狭すぎた。一八七二年までに、メインの醸造所の南、ロバート・ストリートの東側に新たな敷地を獲得し、新設の厩舎と大桶《ヴァット》棟がもう一つ、三二個の大桶《ヴァット》を収める第八棟がここに建てられた。一八七三年にジェイムズ・ストリート北側からリフィー川までの広い土地を購入し、おかげで醸造所の敷地はほぼ倍になった。一八七四年までに、大規模な麦芽製造棟、新たな共同棟、樽の洗浄と貯蔵のための施設がそこに建てられた。こうして配置が新しくなったために生まれた形が、その後一〇〇年以上続くことになる。ジェイムズ・ストリート南側のもとからの敷地で醱酵醸造されたビールが北側に送られて貯蔵、出荷されるというパターンだ。

ギネス醸造所の拡大速度の速さから、必要が発明の母となった。このペースで拡大を続ければ、工場内の輸送手段としてもっと速いものが必要になると気がついたエドワード・セシルは、専用の鉄道を造る必要があると判断した。かれの経営スタイルの常として、この計画を主任技師サム・ジョージガンに託した。

ジョージガンが当時の偉大な技師の一人だったことが幸いした。その任務は簡単なものではなかったからだ。ギネスの施設間を移動できるサイズでなければならないと同時に、キングズブリッジ駅でグレート・サザン&ウェスタン鉄道の標準ゲージの線路にも接続可能なものでなければならなかった。駅はエドワード・セシルが新たに獲得した敷地のすぐ隣にあった。ジョージガンが提案したのは二種類のゲージを使ったシステムだった。二二インチの狭軌と、外部のアイルランド鉄道とギネス内部とをつなぐ標準ゲージである。この解決策は見事なもので、たちまち世界中の同様な工場の模範となった。

ジョージガンが解決しなければならなかった課題はもう一つあった。リフィー河岸からギネス工場内の最高地点の間の五五フィート（約一七メートル）の高低差である。どうすれば鉄道の車輛がこんな急傾斜を昇れるだろうか。エレベーターを使う案も検討された。が、これは時間がかかり過ぎるということで却下された。ギネス工場内の作業のスピードでは、鉄道車輛がのんびりエレベーターを待っているわけにはいかない。当時のエレベーターはのろく、また運べる重さも小さかった。代わりにジョージガンが採用したのはジェイムズ・ストリートの地下を二周半する螺旋トンネルという巧妙きわまる方法だった。このおかげで鉄道車輛は工場の敷地の端から端までスムーズに移動できる。こうしたトンネルはアルプスの地下にすでに造られていた。ジョージガンはそのことを知っており、醸造所の地下に同じ手法をあてはめたのである。当時としては驚くべき独創的な解決策だった。ジョージガンの業績はまだもう一つある。かれはユニークな冷却システムを考案し、危険な二酸化炭素を除去することを可能にした。醗酵を大規模に行うと副産物として出る二酸化炭素の量が危険なレベルになり、長いこと問題になっていたのだった。

ギネスが直面した課題を技術的創意工夫で解決したジョージガンが切れ者だとすれば、これに対置するにふさわしい水際だった事業家であることを証明してみせたのがエドワード・セシルだった。一八六八年、かれはギネス社の株式を公開する計画を発表した。これもまたギネス流の革新であり、世界中の主な醸造会社がそっくりそのまま後追いすることになった。

会社を率いて一〇年の間に、エドワード・セシルはすでに会社を五六パーセント以上成長させていた。この成長は主に海外市場の拡大によるもので、ギネスは毎年一〇〇万バレル以上を輸出していた。ギネス社に参加してからの一八年間で、エドワード・セシルは生産量を四倍にした。自らの野心と天性のタイミング感覚、それに父親から受け継いだ遠い将来を見通す能力を合わせ、エドワード・セシルは会社の株式を公開するには今が絶好のチャンスだと判断したのだ。

この判断には個人的な動機も関わっていたかもしれない。エドワード・セシルは美女として有名だったアデレードと幸福な結婚をした。この女性を一族はドードーと呼んだ。その理由はわからないながら、これが愛称であったことは確かだ。その結婚生活は充実していることで知れわたり、三人の息子が生まれた。ルパート・エドワード・セシル・リー・ギネス、アーサー・アーネスト・ギネス、そしてウォルター・エドワード・ギネスである。しかし家業に関わったのはアーネストだけだったことから、後のギネスの各世代と子孫各自の選択が会社にとって良い結果をもたらすにはどうすればよいか、エドワード・セシルが考えをめぐらすようになった可能性もある。さらにまたエドワード・セシル自身が必ずしも社業に専念できなくもなっていた。かれはダブリン知事《シェリフ》に任命されており、後に英皇太子がアイルランドを訪問した際、ハイ・シェリフに挙げられた。加えてダブリン州キャッスルノックに準男爵位を持ってもいた。六年ほど後にはダウン州アイヴァにアイヴァ男爵を授与され、爵位はやがて子爵そして伯爵へと上げられた。これによってエドワード・セシルは英国貴族（ダウン州は当時も今も連合王国の一部である）の一員としてアイヴァ卿と呼ばれることになり、ギネスの名は目もくらむ高みに昇った。ダブリンの中流階級上層部の中で尊敬される人間として死んだ初代アーサーには、夢にも予想できなかったことだろう。

初の株式公開

こうした事情のすべてが関わって、会社の株式を公開するというエドワード・セシルの決断を導いたのだろう。動機がどうあれ、これは英国史上でも最大の株式供与の一つとなった。一八八六年一〇月二一日にベアリング社が発行した株式発行の目論見書によると、提供されるのは「額面一〇ポンドの普通株が二五万株、額面一〇ポンドで利率六パーセントの累積利益配当優先株が二五万株、二〇年償還オプション付で利率五パーセントの社債が一五万口である。普通株の三分の一はエドワード・セシルが予約済である。当該者はアーサー・ギネス・サン株式会社と称する新会社の会長となる」。『デイリー・ニューズ』は興奮した調子で書いた。「現在生きている中でこのようなものを見たことのある人間はいない……土曜日の朝、ベアリング社の事務所は文字通り包囲攻撃を受けた。事務員、代理人、メッセンジャー、市民からなる群衆を特別に動員された警官が抑えていた。回転扉の一つだけを開いて他は閉じる措置がとられたが、それでも（それともそのせいか）ベアリング社の外側の扉が一枚割られた」

ふだんは控え目な『タイムズ』でさえ、この反応を「異常」と表現した。

一〇月二五日月曜日、売りに出された株式は一時間で売り切れた。アイルランド、イングランド双方のマスメディアはこのことの重要性を把握しようと必死になった。ギネス社伝統の気前良さが発揮されて、セント・ジェイムズ・ゲイトで働く人びとはエドワード・セシルの取り分から株式を受け取ったし、現金でボーナスを支給された者もいた。エドワード・セシル・ギネスはアイルランドで最も裕福な人間となり、連合王国全体でも最も裕福な一握りの人びとに数えられた。新たな立場にふさわしく、エドワード・セシルはロンドンのグローヴナー・プレイスに壮大な邸宅を購入し、これを贅沢な調度品で飾って、イングランド心臓部の真只中に、アイルランドの文化ともてなしの一大中心地をつくりだした。

しかしながら、前任者たちが夢にも思わなかった規模にまで会社を拡大するのに、エドワード・セシルがいかにその天才を発揮したとしても、こんにちまでその名が残っているのは、それが理由ではない。そうではなく、偉大な企業家のご多分に漏れず、エドワード・セシルが後世に残す遺産となったのは富を生みだしたことではなく、生みだした富による慈善事業なのだ。

一八八九年、エドワード・セシルは三人の管財人に二五万ポンドを託してギネス財団を創設する。その目的はダブリンとロンドンの「貧困労働者向け住宅建設のための資金提供」だった。これは当時の偉大な慈善事業の一つとなり、後のアイヴァ財団の土台となる。この財団はこんにちにいたるまでアイルランドの貧困層への援助を続けている。『タイムズ』はエドワード・セシルの行為を「現代英国人によって計画実行された民間による寄付行為として最大のもの」と述べた。それはまさに人の心を浮きたたせるような気前の良さであり、二つの都市が抱える重荷をどれほど軽くしたかわからない。とはいえそれはまた社会に対する義務、特権を認められた者が社会の中でそれほど恵まれない人びとに対して負う義務とギネス家が考えるものにどこまでも忠実にしたがった結果だった。ギネス家の先代たちが信じ、惜し気なく提供した贈物と同じ性格のものであると同時に、後に続く、社会問題解決に向けて行われた、これまたわくわくするようなある投資の先駆けをなすものだった。アイルランドを決定的に変えることになるこの投資について、次に見てみよう。

アイヴァ財団ビル

第4章

社会変革の礎

THE GOOD THAT WEALTH CAN DO

企業は商品ではなく、生みだした文化によって評価されるべきだ

どういう人間たちと付き合うかでその人の人となりがわかる、というのは昔から言われている。一人の人間をとりまくもの、何を身近に置き、何を大切にするかは、その人間の内にあるものの延長だと理解していれば、その通りだとわかる。人の周囲にあるものには友人も含まれる。どういうタイプの人びとを魅力的と感じるか、一緒にいて楽しいのはどういう性格の人たちかをみれば、その人間の本当の姿がよくわかる。

かの言いふるされたことが真実ならば、企業というものはそれが生みだす文化によって評価されなければならない。そう、文化だ。文化とは「成長を促進するもの」であり、「そこから触発されるふるまいと考え方」を意味する。一つの企業がどれほどりっぱで高邁《こうまい》であるかは、コマーシャルでうたっているものに表れることはないし、ましてや採用したマスコットとか、あるいは、掲げているスローガンなどに示されるわけではない。最も重要な指標は、そこに属する人びとがどんな暮らしをする気になったか、ということだ。

となればギネス社に眼を向けざるをえない。世界中のほとんどの人びとにとってギネスとはビールであり、それ以上のものではない。しかしそれでは真実にはほど遠い。ビールとしてのギネスは確かにすばらしい。しかし、ほぼ二世紀にわたって、従業員の暮らしを変え、ダブリンの貧困の様相を変え、そして他の企業に、会社として最も重要な仕事は従業員の面倒を見ることであると考えるようにしむけたのは、ギネスの文化なのだ。どうすれば同胞を助けることができる

か、苛酷な生活が引き裂いた傷を癒すことができるか、その方策を求めて人びとを動かしたのは信条と親切と気前の良さからなるギネスの文化なのである。

この文化の象徴として、一九〇〇年にギネス社が先頭に立ってダブリンで起こした事業ほどふさわしいものは無い。人口の過度の集中と飢餓と疾病が何千という単位で人びとの命を奪っていた。その時、一人の若い医師と、賢明で思いやりにあふれたメンバーからなる経営陣と、すでに一〇〇年を閲《けみ》していた仁愛の文化、それにアイルランド史上最も深刻で焦眉の急だった危機とが、一つのものにまとまったのだった。高邁なギネスの文化が醸造所からあふれ出て、死にかけていた都市の街頭に流れだした瞬間だった。正当に獲得された富にどれほどのことができるか、この時、ギネス社がその模範を示したのだ。

不浄の街、ダブリン

こんにちダブリンを訪れると、ヨーロッパの活気、アメリカのマーケティング、アイルランドのぬくもりが混ざりあった快さに迎えられる。まずは堂々たる、古くからの建造物がある。聖パトリック大聖堂、クライスト・チャーチ、ダブリン城などなど。この最後の建物では、ノルマン人が築いた塔の下に現代の政府が鎮座している。それにまたリフィー川がある。くねくねと曲るその水路は市内をつらぬく動脈であり、川が区切る街路はクィックシルヴァー、ダナ・キャラン、ギャップといったブランド店が飾っているとはいえ、川が語るのは過ぎにし日々の思い出だ。

そしてそこにあふれる目がまわるような種々雑多な人間の群れは、見ているだけでわくわくしてくる。アイルランドで生まれ育った人びと、東欧からの移民、アメリカからの里帰り、アフリカ出身の熱心な労働者、ヨーロッパ全土からトリニティ・カレッジにやって来た留学生、あるいは将来にそなえて英語をマスターする、そのためだけに来ている人びと。

なにもかも生気にあふれ、希望に満ち、魅惑たっぷりだ。これを見ると、かつて、そう遠くない昔、ダブリンは汚穢《おわい》と疾病に悩まされる街であり、アイルランド人は世界中どこに行ってもその悪名の高さに評判を落としていた時期があったと想像するのは難しい。

しかしそれは虚像ではない。一九世紀の後期、ダブリンは不浄の街だった。病と悪徳にまみれた不潔な沼だった。ダブリンの伝染病の罹患率はヨーロッパ諸都市の中で最悪だっただけでなく、死亡率もまた最高だった。住民は天然痘、麻疹、猩紅熱《しょうこう》、発疹チフス、腸チフス、百日咳、赤痢、そして結核に叩きのめされていた。これらの病気の罹患率はほとんど前代未聞の高さになっていた。上流階級はイングランドの安全な住居に逃げだしたが、残された貧困層や労働者階級は自衛するしかなかった。そのひどい有様はこんにちの第三世界でも貧困に最もひどく痛めつけられた地域を思わせる。

この惨状の原因は大部分があまりにも人口が集中したためだった。一八四〇年代に何度も襲った飢饉以来、災難からなんとか逃れようと移住する人びとの大群がダブリンに押し寄せた。遥かな海外の、まだ生活の希望のもてるところまで乗っていける船を探そうとして来る人びとも多か

ダブリン、コールズ・レーンのアングルシー・マーケット

った。しかしダブリンまでやってきてみると、そうした船の運賃が高すぎたり、乗れる船の数が少なすぎることがわかるのが通例だった。さらには伝染病や病気の人間そのものを恐れて、アイルランド人は上陸させない港も多かった。となると貧しい人びと、弱い人びと、健康をそこなった人びとはダブリンでせき止められて、そこからはどこにも行けなくなる。

状況がいかに絶望的なものか、アイルランド国外の人間にはほとんどわかっていなかった。当時のある調査ではダブリンの全世帯のうち三二・九パーセントが一部屋しかない住居に住んでいた。事態がこれよりひどいこともあった。一九〇〇年、ある保健所員が訪問してみると、サウス・アール・ストリート五番地の、一世帯用として建てられた家に一一世帯が住んでいたのだ。ということは裏庭にある一つのトイレと一つの水栓を使う人間が、三〇人から五〇人いたわけだ。このような状況で病気が伝染する可能性、あるいは死にいたりさえする可能性がどれほど大きいか、当局ははじめ把握することができなかった。この耐えがたい苦痛を誰よりも大きく受けたのは女性と子どもだった。当時のある観察者の報告。

街には人がぎゅうぎゅうに詰まっている。とりわけ多いのは身寄りのない女性と子どもだ。未亡人、両親が死んでしまった子ども、捨て子、あるいは男たちがイングランドに仕事を探しに行って残された者たちだ。ダブリンには多数の兵士が駐屯している。そして英軍内のアイルランド人兵士の割合が高いことが独自の問題を引き起こしている。兵士たちが異動したり、兵士だった夫が死んだり逃亡したりしてダブリンにもどってくると、既婚未婚を問わず多数の女性やその子どもたちは、自分の身を守るのに誰にも頼れないのだ。

皮肉なことに、下層階級につきまとった疾病と苦痛は自ら招いたものでもあった。家庭から出るゴミや汚物はリフィー川に棄てるのがふつうで、しかもゴミや汚水を棄てたその同じ場所から飲料水も汲んでいた。これでは病気が指数関数的な勢いで広まる。さらに寝具の問題があった。ほとんどのアイルランドの家庭では藁の上に寝ていたが、この藁が取り替えられることはほとんど無く、おまけに上にかけるのは汚れたボロ布だった。どちらも危険な細菌の巣である。

死者の通夜をするという伝統をアイルランド人が忠実に守っていたことも、病気の拡大する原因の一つとなった。愛する人びとの遺体は家族の家に安置されるのが習慣で、それが四日間におよぶこともあった。その間、遺体のまわりに押しかける大勢の客に遺族は食事と酒とタバコを出すものとされていて、死因となった病気に多数の人びとがさらされることになる。かてて加えて、そもそも病気が猖獗《しょうけつ》をきわめる条件である貧困がさらに広まるという副作用がこの伝統にはつきものだった。トニィ・コーコランが愛情をこめて書いた『ギネスの良さ』の一節。「ダブリンで最も貧しい家庭でさえも、隣近所に対して面子を立てるため四頭立ての霊柩車を仕立てた。だが体裁をととのえる費用は貸金業者から多額の借金をしてまかなわれた」

遺族はこの負債を返すことができず、ますます貧困の底に沈んでゆき、悪疫が広まる環境にどっぷりと漬かることになった。ある歴史家の言葉を借りればダブリンは「呪われた者の都」だった。アイルランドの外ではこの事態を気にかける者はほとんどおらず、稀にいたとしても多少とも影響を与えるようなことは何もできなかった。

公衆衛生に挑戦したギネスの医師

事態がどん底にまで落ちこんだちょうどその時、ある尋常ではない人物がギネス醸造所の主任医師に就任した。その名をドクター・ジョン・ラムスデンと言う。何千という単位でダブリンの人びとの暮らしを変え、企業の社会的責任という重要度を増していた分野に、ギネス社がまったく新しい地平を開くことができるようになるのは、ひとえにこのラムスデンの行動力と篤い人情、そして科学的調査によるものだった。

ジョン・ラムスデンはあらゆる意味で傑出した人物だった。生まれたのは一八六九年一一月一四日、ラウズ州ドロヘダで、五人の娘がいる家庭の唯一人の男子だった。ダブリン大学（トリニティ・カレッジ）で医学を修め、開業医と病院医として五年間過ごした後、三〇歳でギネス専属の医師となった時には、公衆衛生と貧困層に対する企業の義務について革命的な考えを持つようになっていた。そもそもギネス社がラムスデンを雇ったこと自体が、やって当然と会社が考えていることの範囲が拡大していたことを示している。従来の会社の方針とも時には衝突するような考えを受け入れていたのだ。

ラムスデンは一八九四年、副主任医師としてギネスに入り、一八九九年主任医師に昇進した。かれはこの地位に就くことをかねてから願っていた。というのも、貧困層のために社会に何ができるかについて、深く尊敬する人物の影響を受けていたからだ。すでに二〇年以上にわたってダブリンの貧困と戦っていた人物である。

ドクター・チャールズ・アレクサンダー・キャメロンはダブリン市の衛生担当官だった。ラムスデン同様、キャメロンもまた尋常ではない人物である。一八三〇年、陸軍士官の息子に生まれた。父は一八一二年の米英戦争で戦った。キャメロンの公式伝記では「一八一二年のアメリカ合州国への遠征」と呼ばれている戦争だ。この戦争で八度負傷したにもかかわらず、父親は軍隊生活を好み、息子も後を継ぐことを望んだ。しかし息子のキャメロンは自分のとるべき道は医学と公衆衛生の分野にあると早くから覚り、ダブリン大学医学部で学ぶことを選んだ。

公衆衛生に身を捧げたことは別として、医学に関する数々の革新的な論文だけでもキャメロンの名は歴史に残っていただろう。一八六二年、キャメロンはダブリン市の食物分析官に任命された。それまでほとんど知られていなかった法律である食物衛生法を適用し、食物に混ぜものをして量を増やしていた業者を五〇人以上検挙して、キャメロンは一躍名を揚げた。統治にあたる者がすでに与えられている権限を実際に執行するだけで、アイルランド人の健康を守るのにどれほどのことができるか、キャメロンは身をもって示したのだ。

一八七四年、キャメロンはダブリン市の公衆衛生を共同で担当する地位に就任し、後に同僚が引退すると単独の衛生官となった。キャメロンは改革の大鉈《おおなた》をふるった。まず形として現れたのは人間が住むには適さないと認定した住居を二〇〇〇軒以上閉鎖したことである。キャメロンはまたその文才を駆使して、当時の社会が抱えていた危機的状況に人びとの注意を促した。とりわけ、貧困層に適切な住居を供給することがさしせまった課題であることを、世論に訴えた。これらをはじめとする数々の業績により、キャメロンは一八八五年、「公衆衛生の大義への貢献」をもってナイトに叙された。

しかしながら、ラムスデンのような続く世代の活動を呼びおこしたのは危機を直接に理解し、これをはっきりと口にするキャメロンのやり方だった。家柄も良く、医師であり、ついには国王からナイトに叙されながら、キャメロンは貧困家庭の中に入ることも、荒廃した地域の街路を歩くのもためらわなかった。おかげで他の医療関係者には持てない視野を、キャメロンは自分のものにできた。さらに、貧困層の苦しいありさまを他人事ではない心のこもったことばで表現することもできるようになった。キャメロンは書いている。

「ダブリンの主任衛生官を務めてきた三二年の間に、貧困や極貧にある大勢の人びとの暮らしを目にしてきた。そして、その悲惨な家庭を目の当たりにして何度も痛みを感じたことも忘れられない」

ヴィクトリア朝の公務員としてはこれは例外的なことばであるが、貧しい人びとをないがしろにしないキャメロンの態度もまた例外に属する。貧困にうちひしがれた人びとに冷淡で容赦のない態度を示すことが多かった同僚たちはキャメロンの主張に驚かされた。

「貧しい人びとが、自分たちよりも貧しかったりよるべのない人びとに示す、すばらしい優しさについてよろこんで証言しよう」

このことばは、貧者は怠惰で冷淡であるという一般に流布した考え方に対する異議申し立てであるだけでなく、貧しい人びとの中に自分の眼で見出した美点をほめ称《たた》えることで、キャメロン自身の属する階級の人びとを驚かすものでもあった。これはまさにチャールズ・ディケンズがその小説でやろうとしていたことだったが、キャメロンのような地位にある人物には期待できないものの見方だった。

キャメロンの書いたものをむさぼるように読むなかで、ラムスデンはダブリンの経済についての洞察に満ちた分析も読んだはずだ。キャメロンはダブリンの就職先の少なさについて書いている。たとえば次のような一節。

「ダブリンは産業都市とは言えない。この都市が重要なのはアイルランド政庁が置かれていること、最高裁判所、医療組織の本部や金融保険業の本社の存在、大学が二つあること、それに港湾としての大きな役割がその理由だ。イングランドのほとんどの都市と比べると、ダブリンでは女性がつける仕事が少ない」

公衆衛生の分野で社会の病弊をこのような視点から把握しようとした者はほとんどいなかった。市の経済、雇用能力、人口統計を戦略的に結びつけて公衆衛生のモデルが組み立てられたのは初めてだったのだ。ラムステデンは熱心に耳を傾け、教えを心に刻んだ。

ラムステデンがもう一つ心を動かされたのは、キャメロンが貧困について語る心のこもったことばづかいであり、モノが無いことで誰よりも苦しんでいるのが子どもであることに焦点を当てる姿勢だった。

何千という子どもたちが冬でも裸足でいる。冬に暖かい衣服が無いことから大きくなっても丈夫になれない体ができてしまう。病気に対する抵抗力が弱いままだ。十分な食事と暖かい衣服が手に入らないことは、麻疹にかかった場合、致命的な続発症をひき起こすことが多い。裕福な階層では麻疹で死ぬことは稀である。しかし貧困層の子どもたちは麻疹で死ぬ者が多数にのぼる。麻疹の症状が出ている間だけではない。適切な世話を受けず、衣服が不足し、栄養失調になるために気管支をはじめとする感染症によっても死亡する。「警察の支援を受けて貧困児童に衣服を供給する協会」の業績はもっと評価されてよいし、より一層の支援に値する。

科学的分析と思いやりが稀有なかたちで一体となったこの文章に、ラムスデンは心をかき乱されたにちがいない。しかし精力にあふれたかの若者の心に火をつけたのは、ダブリンの貧困層についてのキャメロンの最終的な判断だった。

貧困層が苦しんでいる悪条件の大部分をとり除くことは衛生当局の手にある。衛生当局が貧しい人びとの収入を増やすことはできない。ごく一部の人びとを市の各部局で労働者として雇うことができるだけである。しかし貧困層とりわけ最貧困層の厳しい生活環境をやわらげることはできよう。その方法はいかなるものか。現在この人びとが住んでいるものより上等の住宅を、家賃はそのままに供給することである。労働者や貧困職人たちが最も痛切に必要としているものは、環境のより良い住居である。このことの実現には支出を惜しむべきではない。

当時の危機的状況から必然的に生まれた現実的分析の形でここに示されたものは、ラムスデンのような人間にとっては行動への指令に等しかった。ラムスデンは公益に貢献することを望み、自らの手練の技をもって生まれ故郷の都市の苦しみをやわらげたかった。しかし、どうすればいいのか。周囲の人びとが解決策として勧めるものは感傷的なだけで効果のないものや、あまりに過激でとうてい実行不可能なものばかりだった。ラムスデンは夢を追うつもりはなかった。現実を、社会を変えたかったのだ。そしてキャメロンはそのための方向を指し示した。ぎゅう詰めのダブリンのスラムにあって、住宅事情こそは公衆衛生の鍵を握る。雇用や給与の面で市当局にできることはごく限られている。しかし、住宅と衛生的な住環境を供給するのはどうだ。これこそは、若くて切れ者の医師が自らの大義として掲げることができるものだった。

自ら現場に行く

一八九九年にギネス社の主任医師になるとラムスデンはぐずぐずしてはいなかった。一年たたないうちに、キャメロンがダブリン市内でより大きな規模で貧しい人びとに対して行ったのと同じことを、ギネス社の従業員と醸造所周辺で行う必要があるとの結論にラムスデンは達した。つまり自らその家庭に入り、状況をその眼で確かめることである。ラムスデンの迅速な行動と熱意にはギネス社の経営陣も呆気にとられたにちがいない。計画を実行にうつす許可を申請する書簡の中で、若き医師は書いている。

「当社の従業員とその家族にあって結核の問題、その予防と治療についてあえて取締役会の注意を促すことは、小生の義務の核心であると考えるものであります」

計画ではできるかぎり早期にギネス社全従業員の家庭を一軒のこらず訪問する所存であるとラムスデンは伝えている。また、醸造所敷地周辺の家庭もできるかぎり多数訪問することも望んだ。提案は広範囲におよんでいた。当時ギネス社の従業員は三〇〇〇人近く、ということはその数倍の家族がいた。訪問すべき家庭の数は途方もないものになる。さらに醸造所周辺の、ギネス社とは直接関係のない家庭が数千軒加わるのだ。

この提案にギネス社の経営陣は躊躇したにちがいない。経験を積んだ事業家として、取締役たちは戦略的に考え、将来にわたる計画を立てるのが常だったから、この後に続くものが何か、見通すことができた。ドクター・ラムスデンの家庭調査計画は単にデータを集めることだけが目的ではない。当然、改革案をいくつも含んだ結論が出るはずだ。ギネス社がカネを注ぎこめば苦しみをやわらげることができる計画が様々な形で提案されるだろう。ドクター・ラムスデンは経営陣にカネを出させようとしている、それも少なくない額のカネを出させようとしている。

にもかかわらず、経営陣は若き医師の計画を承認した。より広範囲に改革をほどこすべき時期が来ていると認識していたのかもしれない。当時の人びとが苦しんでいた状況をより大規模に改善したいと思いながら、どうすればいいかがわからなかったのかもしれない。あるいはまた単純に若き医師の説得力に脱帽しただけなのかもしれない。ラムスデンはすでにギネス社で五年間仕事をしており、労働者たち全体から敬愛されていた。ラムスデンが医師を務める診療所はトマス・コートにあった。そこは借家が集中する地域の只中であり、労働者たちはラムスデンの人となりを知り、信頼を寄せていた。働く者たちがこの有能な若い医師に寄せる尊敬の念の篤さは、取締役会の耳にも届いていたにちがいない。ラムスデンの計画が承認された裏には、こうしたことすべてが積み重なっていたはずだ。

その職業にふさわしく、ラムスデンは準備に念を入れた。後の報告によれば「調査にさきだち、かなりの時間を費して、様々な部局から従業員の正確な住所について必要な情報を得た」。労働者たちに通知が出され、支援要員が確保されてから、計画が実行にうつされた。

家庭訪問は一九〇〇年一一月一七日に開始され、一九〇一年一月一七日に終了した。この約六〇日間のうちラムスデンが訪問に費したのは四八日で、土曜日があてられることも多かった。訪問を日中に限らざるをえなかったのは、各家庭には電気が来ていなかったからだ。ラムスデンは一日平均三六・五軒の家庭を訪問した。終了までに訪問した家庭は一七五二軒で二二八七人の従業員のものにあたる。これら従業員が扶養している家族は七三四三人にのぼった。

興味深い事実がある。ラムスデンが家に入るのを拒んだ労働者が一人だけいた。成功率から言えば驚くべき大成功だったが、いささか腹を立てた医師は、ほとんど笑い話のような一件を最終報告書に書きいれている。

「唯一度だけ、家に入る許可を得られなかった。すなわち、あるゲイト運搬人《ポーター》の家で、この人物は強固な社会主義的考えを抱いており、筆者が家の中に入ることを頭から拒否した。ただし個人としての理由からではなく、原理原則にしたがったものだった。奉仕者がどこにどのように住んでいるかは雇用者が関わるものではないと信じていたからである。筆者は説得することは無駄と見て、次の家に移った」

しかしながら、労働者たちの家についてのラムスデンの分析は笑えるようなものではなかった。訪問した住居のうち三五パーセント弱は居住に適切ではなかった。ラムスデンの筆は悲痛だ。取締役会に対し、ラムスデンは書いている。住居は「疾病の巣である。（中略）あまりにも汚物が充満し、まったく腐敗しきっているので、人間の居住には適さないと判断せざるをえない」。続いてその悲惨さを描写する中でラムスデンが挙げるのは、階段にかたくこびりついた排泄物、吐き気をもよおす悪臭、飲料水の供給不足、アルコール中毒、あまりにひどい状態で中に入ろうとしても入れない部屋である。ラムスデンのペンから滴りおちる表現は生々しく、怒りが乗りうつったようだ。「悪臭に満ち、健康に適さず、憐れむべき状態」「汚穢なる個人住居」「管理運営の失敗」「恥ずべき状況」「熱病の巣」

要点を強調しようとするあまり、血気盛んな医師があえて選んだ生々しい描写は、ギネス社の経営陣がおそらくはめったに接したことのないほどのものだった。「排泄場所の配置」について、ラムスデンは書いている。特にとりあげているのはアール・ストリート一帯の状態だ。ここでは四五世帯にトイレが六個ということも少なくなかった。

「女性はこのトイレを使用しない、とのことである。代わりにバケツに排泄し、中身をゴミ箱に空けている。これはまことに衝撃的な事態である。（中略）実際のトイレの不潔さは惨憺たるもので、心胆が寒くなるほどである。（中略）便座は通常の半インチ（約一・二センチ）の樅材《もみざい》をこれ以上ないほど乱暴に貼りあわせたものである。この便器が詰まり、上に六インチから八インチ（一五から二〇センチ）もの高さに、人間の排泄物が重なって固まっている状態も多かった」

しかしながら、怒り心頭に発しながらも、ラムスデンはこの悲惨な借家に住む人びとを批判しようとはしなかった。衛生担当の役人たちの中には永年、住民を批判していた者もいたにもかかわらず、である。師匠であるドクター・キャメロンの姿勢を見習って、ラムスデンはアルコール依存症の問題について語る際にあえて告白している。

「筆者としては、当人をとりまく社会環境を考えれば、労働者に同情するのを常とする。クラブやパブを除けば、気晴らしや娯楽の機会はほとんど無い」

アルコールの濫用が社会にとって大損害を与えていた時代にあって、こう認めることは大胆そのものだったが、このことばにはラムスデンを駆りたてていた共感と憐憫の情が表れている。

この悲しい報告書にもいくつかよろこばしい部分も無いではない。ラムスデンの調査によれば、ギネス社員の住居はギネスとは直接関係のない人びとの住居に比べて格段にすぐれたものだった。取締役会に対して報告している。

「これらの住居はすべて人間の住んでいる家らしく、清潔で、整理整頓されていた。塵一つなく掃除がゆきとどき、どこから見ても住人の精励のおかげである住居が多かったと述べることができるのは、小生にとってまことによろこばしいことである」

読むに耐えない事実が奔流のように続くなかで、これは嬉しい一節だ。

最後にラムスデンの結論は無駄なく要点を述べている。

「同胞のほとんどの居住と移動の環境、すなわち生活環境は満足できるものではとうていなく、望ましいものには遠く及ばないと筆者は考える」

変化への提案も同様に率直なものだ。

当社が賃貸住宅をさらに建設する方策を講じることができさえすれば（中略）同胞市民はあの情けない住居から集まってくるはずである。（中略）死亡率は下がり、多数の人びとが満足を覚え、幸福を味わえるようになり、疾病と欠乏と悲惨が減少することは明らかである。（中略）本調査から得られるものは、大いに善を生むことになると確信できる。（中略）それは当社が同胞の福利に心をくだいていることを人びとに知らしめる。

このメインの勧告に加えてラムスデンは、短期的に役に立つと考えた行動指針を、六つ提案した。第一の勧告は会社が住居監察官を置くこと。ラムスデンの調査はデータの収集だけでなく、労働者たちとの関係をより良くする点で大きな成果があった。したがってこの作業は続けるべきだとラムスデンは考えた。第二の勧告は一見驚くべきものだが、会社が不適と判断した住居にそれでもなお住みつづける従業員には傷病手当のような援助を打ち切るべしというものだ。言い換えれば、不健康につながるような判断に報酬を出すことをやめるわけだ。第三に会社が適切な住宅を登録しておき、従業員がより良い住居を探しやすいようにしておくこと。第四に、従業員が不健康な借家に住まないよう会社が相応の影響力を行使すること。第五に女性たちのために料理教室を開くこと。教育方面でその後ラムスデンがたて続けに行う提案の最初のものである。そして最後に常によく整頓され清潔に保たれている家庭に「年間優秀賞」を授与すること。ラムスデンは後にこの種の褒賞を他にも設けるよう勧告を行い、それによって従業員の家族に家庭や自分たち自身を向上させるよう促すことに成功することになる。

使命感をもって行動する

しかしながらドクター・ラムスデンがその報告書に盛りこんだものの中で、経営陣の心を何よりも捉えたのは、人に伝染《うつ》りやすいその使命感であり、すぐにも実行できる可能性だった。若きこの医師の報告には確かに身の毛のよだつ状況がいくつも含まれ、それもまったく飾り気のない言葉遣いで述べられていた。しかし同時にラムスデンは真の変化は可能である、どうにも改善不可能なところまでは事態はいたっていない、と確信してもいた。この確信の根拠となったのは、ギネス従業員へのドクター・ラムスデンの評価だった。ギネスで働く人びとは本来善良な人びとであり、方法さえ示されれば向上心にこと欠くことはない。後にある報告書でラムスデンはこう書いている。

小生の常日頃見るところでは、当社の従業員とその配偶者たちの大部分は道理をわきまえており、聡明で、向上心に富んでいます。扱いは如才なく、また親切に接する必要はありますが、かれらの態度は常に丁重であり、感謝の念を表し、そして説明されれば生活向上の必要性をたちまち理解できます。もちろん国民性から生じる弱点はあまたあり、これを克服できるのは時間をかけて教育することだけでしょう。ですが、小生は結果には自信を持っております。当社の従業員とその家族は向上する能力があり、手をかけるに値します。

従業員の健康を守れ

一九〇一年四月四日、ドクター・ラムスデンの提案を検討するために集まった取締役たちの心の琴線に触れたのは、この積極的な精神だったにちがいない。こんにち残されている取締役会の議事録の一部から判断して、ドクター・ラムスデンの提案は念入りに検討された。

ブライド・ストリート地区とビル・アレー地区のアイヴァ卿住宅の建設を未決とすれば、唯一現実的な提案は（登記担当の）バズビィ氏が借家について既存の不動産業者と連絡をとることであると思われる。

トイレ一ヶ所を使用する平均家族……ドクター・ラムスデンはこの件に関して必要な措置をとることを促す見解を述べた公衆衛生当局宛書簡の草案を提出すべし。

異性の成員が同室で睡眠をとるケース（特定のケースが挙げられている）……ドクター・ラムスデンはこのケースがなお存在するか確認し、存在が確認された場合、教会区司祭に連絡すべし。

経営陣が検討を加えたもののうち、この最後にあげた点は、異性の未婚の成人が同室に居住し、時には眠るのに同じベッドを使っているというドクター・ラムスデンの報告から生まれたものである。善良なるこの医師はこうした状況にも同情を寄せていて、このケースは「残念ながらダブリンのスラムでは稀ではない状態」であると説明している。とはいえラムスデンは敬虔なキリスト教徒であり、深く倫理を重んじる人だったから、その報告書の中で次のように叱咤したのも、ヴィクトリア朝の狭い価値観からというだけではなかった。

「この過密状態は、極端なまでに不健康であり、疾病が広まる原因であるばかりでなく、人の道に真向から反するものである」

経営陣はこの点をとりあげ、事態を確認することにしたのだが、その際、この問題を解決するため、地元のカトリック司祭をも巻き込む決断をくだしたことは、経営陣の視野が広いものであったことの証である。

一九〇一年に集まった経営陣がドクター・ラムスデンの提案の実現に熱意をもって取り組んだことは、ギネス社の博愛精神を言祝《ことほ》ぐものだ。まったく逆の決定をくだしたとしてもおかしくはなかったからだ。ギネス家の子孫も含む幹部たちが、童顔で成り上がりのこの若い医師に、脅され、鼻面を引きまわされていると感じたとしても、おかしくはなかった。貧民に対する企業の責任をめぐって新奇な考えをふりまわすこの医師には、あっさりと過激派とか社会主義者とかのレッテルを貼っておいて、その提案を無視することもできた。あるいはむしろどこか他で稼げとさっさとクビにしてもかまわなかった。すでに十分なことはしている、と考えても無理とは言えなかった。これ以上ないほど高い給料を払っているではないか。当社はアイルランドで最高の就職先ではないか。何千人もの人間を雇い、訓練しているではないか。まだ足りない、まだまだ義務を果たしていないと、どうして思えというのか。経営陣がこう反応することは十分ありえたし、そうしたからといって当時かれらを非難する者はほとんどいなかったはずだ。

経営陣はそうはしなかった。代わりにかれらはラムスデンが示した計画にのめりこんだ。ドクターが勧告した褒賞やコンテストのための支出を承認した。質の良い住居を登録し、ギネス従業員の家庭に保健要員を派遣することも認めた。より良い住居が空いているにもかかわらず、不適切な住まいからどうしても動こうとしない従業員には援助を与えないことも承認した。

重要なのはそれに留まらない。一九〇一年一〇月の経営陣の会合の記録によれば、ラムスデンの保健水準に達しない住居に住んでいる従業員のもとへ、醸造所の管理職が派遣されていることがわかる。これらの面会記録を経営陣は精査しているが、そこから浮かびあがるのは当時ギネス社で働く人びとがどのような問題に苦しんでいたかというイメージである。従業員の中には自分たちの住まいは健康的だと考えており、ラムスデンの評価に驚いたものの、ドクターの設ける基準にしたがって居住環境を改善しなければならないことは受け入れた。また妻の「性格が悪く」、言われたとおりにしなかったり、従業員の配偶者に会社が期待するようにはふるまわなかったりすると述べた者たちもいた。さらにある男は、妻が長いこと病で伏せっていたと説明した。妻も回復したので、会社の懸念をぬぐうためにできるかぎり努力する、とこの男は約束した。他にも説明や言い訳は多いが、世界最大の醸造会社の経営陣が従業員の住まいの状況についての報告書を子細に読み、

ダブリンで最初の屋内市場であるアイヴァ市場は永年この地区の名物だった。

研究している姿は忘れてはならないだろう。そもそもこの会社がラムスデンのような人物を雇い、その勧告を受け入れ、そしてその指示にしたがって環境を改善するのに多くの時間をつぎこんだことは、ギネス社が深い思いやりと気前の良さという伝統に忠実にふるまおうとどれほど努めていたか、何よりも雄弁に物語る。

当時、取締役会にもわかっていなかったと思われることが一つある。ラムスデンが経営陣にとってもらいたいと願っていた方向がどこにあったか、ということだ。ラムスデンは公衆衛生の方面に起きていた流れに気付いていたし、繁栄している他の企業が従業員の面倒をどのように見ているかにも注目していた。家庭調査からまもなく会社に提出した報告書の最後に、ラムスデンがギネス社の将来像として期待していたもののヒントがうかがわれる。従業員の生活を改善するための方策として、ラムスデンは九項目を提案した。後に見てゆくように、やがてこの九項目はすべて実現されることになる。ドクター・ラムスデンは会社が次のものを提供することを勧告している。

一　若い世代の技術教育
二　教育的価値のある講演
三　運動やスポーツのプログラム
四　衛生と病気の予防を薦める文献
五　母親と若い女性のための料理教室

六　乳幼児食に関する教育
七　コンサートや親睦会の形での娯楽の場
八　管理職と労働者がうちとけて交際できるような場
九　住居

この最後の住居の項目の説明の中で、ドクター・ラムスデンは再びその手の内を明かしている。

きちんとした、住み心地の良い住居に住む機会を与えられないかぎり、当社社員とその家族の水準が社会的にも倫理的にも大いに上がるとは考えられない。したがって、ボーンヴィルのカドベリィ社のものやポート・サンライトのリーヴァー・ブラザーズ社のものに倣う形で、醸造所模範村が建てられる日が来ることをあえて期待したい。当社の従業員たちが妥当な家賃で平屋ないし二階建ての住宅に入居できるような住宅地である。

取締役会がその時まで理解していなかったとしても、ここにはラムスデンの理想が明確に述べられている。会社の医療担当の仕事を任されたこと、家庭を調査し、衛生状況を改善すること、そしてギネス社を従業員にとって健康的な職場にするよう努めること、こうしたチャンスを認められたことにラムスデンは感謝していた。しかし、ラムスデンがそれ以上のことを望んでいたことは明らかだ。模範的な一つの村、労働者たちが小さくとも自分の家を持ち、健康な生活を奨励されるような村が建設されることを夢見ていたのだ。ギネス社がその道をとることを、ラムスデンは期待した。このことをさらに深く理解するには、ラムスデンが手本とあおいだカドベリィ社とリーヴァー・ブラザーズの実例を少々調べてみる必要がある。

一九世紀の先進的な企業たち

世界最大のチョコレート会社の創設者ジョン・カドベリィは一八〇一年イングランドのバーミンガムに生まれた。その家系はずっと昔から敬虔なクェーカーで、この信仰は一方でやがてカドベリィが創設する会社の社会に対する価値観を形作る点ですばらしいものであったが、また一方ではそのおかげでカドベリィは死ぬまで偏見と差別につきまとわれた。クェーカーであったから、カドベリィは当時の大学で法律や医学を修めることは認められなかった。クェーカーは伝統的に平和主義者であるから、軍人になる道も閉ざされていた。信仰を同じくする人びとのご多分に漏れず、カドベリィも商売の道を選び、一八一八年、リーズの紅茶商人の徒弟となった。

一八二四年、カドベリィはバーミンガムのブル・ストリート九三番地にささやかな食料品店を開いた。すぐれた商人は常にそうだが、カドベリィもお客が何を必要としているかよく知るようになっただけでなく、自分が住む社会を苦しめている禍いがどういうものであるかも理解するようになった。カドベリィはアルコールこそが自分たちの年代にとって神の笞《しもと》であると信じた。クエーカーであるカドベリィはアルコールの摂取は道徳に反すると主張していたが、泥酔が時代の疫病神であり、後には貧困と悪徳しか残さないことを見て、ますますこのことを確信した。アルコールに代わることができるものを提供しようとカドベリィは考えた。一八三一年には、食料品販売はやめることにし、チョコレートとココアの製造を始めていた。ジンやウィスキーを飲むことであれほどたくさんの人間の一生がめちゃめちゃになっているのだから、「チョコレートを飲む」ことは代わりになるはずだとカドベリィは信じたのだ。クェーカーとしての社会に対する義務感を事業家としての才能に融合させ、カドベリィはクルックド・レーンの古い麦芽製造所を買いいれて、チョコレートの製造を始めた。

カドベリィの事業は成功した。まもなくカドベリィ社はブリッジ・ストリートの大きな工場に移り、バーミンガムの主要産業の一角を占めた。一八七九年、ジョンの息子であるジョージ・カドベリィは会社のトップに就任するとまもなく、父親に負けないほど社会改革に熱意を持っていることを示した。事業が成功するにしたがい、バーミンガム市内により大規模な工場を建設する代わりに、ジョージと弟のリチャードはいたるところスラムだらけのバーミンガムから市の南四マイル(約六・四キロ)の農村地帯に会社を移すことにした。そこに兄弟はボーンヴィルを建設する。模範的な製造業コミュニティであるここでは、賃金は比較的高く、労働条件は最高で、医療サービスが提供され、そして労働者委員会の実験もわくわくするような成功を収めた。

ボーンヴィルは地域社会設計と企業の社会貢献の手本となり、世界中の企業がこれを見習った。会社創設から数十年たって、カドベリィ社は建築家ウィリアム・アレクサンダー・ハーヴェイに、アーツ&クラフツ運動様式の住宅を集めた団地の設計を委嘱した。この住宅団地はその美しさ、機能の高さ、そして労働者たちの生活を改善する形において高い評価を受けた。カドベリィ社はまた、屋外スポーツ、社交行事、教育、さらには温泉での療養まで奨励した。村の所有地内に天然の鉱泉が湧いていたのである。

ボーンヴィルは現在ではバーミンガム市の一部に併合されているが、なお独特の地域社会としての地位を守っている。一〇〇〇エーカー（約四〇〇ヘクタール）の敷地に七八〇〇軒以上の住宅があり、産業革命時代がもたらした都市の荒廃に、信仰と慈善精神と思いやりをもって対処しようとする勇敢な挑戦として讃えられている。

一方で当面私たちの目的にとって重要なことは、二〇世紀初頭にあってドクター・ジョン・ラムスデンの頭の中ではボーンヴィルはダブリンの対極にあるものと映っていたにちがいない、ということだ。当時のボーンヴィルは健康で意義のある人生を送る幸せな労働者たちの美しい村だった。すべては、成功した企業が、その富をして社会を改善することに使うと決めたからだ。それにひきかえ、ラムスデンのダブリンは疾病と死亡の点でヨーロッパの中心地だった。この祟りを消すことをラムスデンはギネス社に望んだのだ。ラムスデンはダブリン版ボーンヴィルを造りたかった。若きこの医師が一九〇五年、ポート・サンライトを訪問するにいたって、その情熱は沸騰点に達する。

企業による慈善行為のこの実例によってラムスデンの霊感に最後の一片がはめこまれたのだが、この村はウィリアム・ヘスケス・リーヴァーの理想の実現だった。一八五一年、イングランドのボルトンに生まれたリーヴァーはボルトン教会学校で教育を受けた。父親の経営する食料品会社で仕事の訓練を受け、一八八六年、弟のジェイムズと共同で石鹸を製造する会社を始めた。リーヴァー・ブラザーズの石鹸は動物の脂肪ではなく、植物性油脂を使って作られた石鹸として最初のものだった。リーヴァー兄弟の製造と販売における手腕がこれと結びつき、兄弟の新会社は驚異的な成功をとげる。

一八八八年、今やとほうもない大金持ちとなったリーヴァーは、カドベリィ社のボーンヴィルと同様のコミュニティを造ることを決意する。約三〇人の建築家を雇い、リーヴァーはそのモデル村をマージー川沿いの五六エーカー（約二二・七ヘクタール）に建設した。リーヴァーにとって最終的目標は「仕事上の関係をキリスト教にもとづく、うちとけたものにし、手工業の古き良き時代にあった、家族的で親密な兄弟関係にもどすこと」だった。カドベリィ社よりも多少父親のようにふるまう傾向のあったリーヴァーは、ポート・サンライトを利益分配型に作った。そこであげた利益を従業員の村に再投資するのである。このことを従業員たちにリーヴァーはこう説明している。

「諸君がそのカネをウィスキーのボトルや大量の甘いものやクリスマスのまるまる肥えた鵞鳥に変えて腹に収めてしまうのでは、諸君にとってそれほど有益ではなくなる。代わりに私にカネを預けるならば、私はそれを使って諸君の暮らしを楽しくするものを揃えてあげよう。結構な住宅、気持ちの良い家、健康なレクリエーションといったものだ」

リーヴァーはポート・サンライトを労働者の理想郷にするために全力を傾けた。オールド・イングランド、オランダ、ベルギーのそれぞれの様式で建てられた、きれいな住宅があった。ストラトフォード・オン・エイヴォンのシェイクスピアの生家の複製があった。学校がいくつも建てられ、公園が整備され、ほとんどありとあらゆる技芸や職業のコースが設けられた。画廊があり、月刊誌が発行され、幅広い各種スポーツ施設があった。村には自慢のコンサート・ホールがいくつもあった。そのうちの一つの設計は優秀で、一九六二年、ビートルズの公演にも使われた。

カドベリィやリーヴァーのような人びとが従業員の住む環境を改善しようとして行ったことを模倣した事業が、イングランド全土で行われた。例えば、もともとはロンドン煉瓦会社が建設したスチュワートビィがある。パーシー・ボンド・ハウフトンが設計したウッドランズ。そして、ヘンリエッタ・バーネットが創設したハムステッド・ガーデン・サバーブ、などなど。村やコミュニティをまるまる一つ造るまではいかなくても、一流企業の多くが従業員の生活を改善することに力を入れたことは驚くほどだ。それにはカドベリィ社やリーヴァー社のような会社が手本を示し、水準を定めたことが大きい。それもみな、産業革命に続く時代にあって、乾いたぞうきんを絞るような貧困と背骨が折れるまで荷物を積むのにも似たスラムでの暮らしが臨界点に達しており、これを少しでも救済しようとする試みだったのである。

医師の先見性

ラムスデンは一九〇五年、ボーンヴィルとポート・サンライトをともに見学してから、ヨーロッパ大陸の衛生施設を見学してまわった。アイルランドにもどるとギネスの取締役会に報告書を提出した。ラムスデンはユーモアのセンスでも有名で、この報告書を「夏の散策」と題していた。この中でラムスデンは自分の眼に映ったことを熱のこもった調子で書いている。清潔な居住環境、美しい運動設備、広く安全な街路、そして健康な暮らしを促進する各種プログラム。弱冠三五歳の医師にとってそれは蛹から蝶になる時期だったにちがいない。公衆衛生の将来像がはっきり描けただけでなく、自らのライフワークをもまた掴んだ年となった。

詳細が明らかになるような記録は無いが、それからの数十年にギネス社がとった道をみれば、会社がカドベリィやリーヴァーの実例に倣うことを望まなかったことははっきりしている。ラムスデンが提案したような「醸造業のモデル村」のようなものは造られなかったし、ダブリンから数キロ離れたところに世の模範となるようなコミュニティが計画されたこともない。その理由は推測するしかないが、ギネス社の経営陣が無情だったとか、労働者の暮らしを軽視したという非難はあたらない。従業員の面倒見の良さではギネス社はすでに長い歴史を持っていた。歴史家たちは考えられる理由をいくつもあげている。その中にはヨーロッパに戦争が迫っていたことで気が逸らされていたから、というものやダブリンのど真ん中に解決策を見つけようとギネス社が考えていたから、というのもある。貧困とそこから生まれた怪物たちが闊歩していたのはまさにそこだった。確かなことは、ボーンヴィルやポート・サンライトのような形の解決策はまったく試みられたことがない、ということである。

とはいえギネス社はその若き医療担当者に支援を惜しまなかった。その医師はといえば、産業革命時代の残酷な所業の数々に苦しんでいた人びとの暮らしを変えることに情熱を燃やしていた。この点では収穫は大きかった。というのもジョン・ラムスデンはアイルランドの田園地帯にギネス社によるモデル村が造られることはないと納得するや、ギネスの醸造所、ダブリンの都心部に位置する工場を思いやりにあふれた、革新的な企業コミュニティのモデルにすることに全力を注いだからだ。

各地のモデル・コミュニティを見学してまわった一九〇五年から第一次世界大戦勃発の間に、ジョン・ラムスデンは独力で巨大な改革をやってのけた。これを全面的に支援したギネスの経営陣も天晴れと言わねばならない。ギネス従業員の福祉に少しでも貢献することでラムスデンが手をつけないものは無かった。プログラムを立ち上げ、資金援助を求めてまわり、講演し、おだて、教則書を山のように書いた。その努力のおかげで、ギネス社は従業員の面倒見の良さで世界じゅうどこの企業と比べても遜色がないとの評判をかち得た。それも衛生面ではヨーロッパ最悪と言われた恐るべき都市ダブリンの真只中で、である。

この時代にラムスデンのしたことを振り返る時、実に多くの点で時代に先んじていた様が見えて、ぞくぞくしてくる。例えば子どもを母乳で育てるよう薦めたことでラムスデンは先駆者だ。

母乳は粉ミルクよりも栄養豊富であり、また自然な、そして教会が認めている避妊法でもあることを、女性たちに広めようと努め、そのためにスタッフも動員した。この大義に世の支持を集めるため、ラムスデンは講演を行い、パンフレットを書き、看護婦たちを督励して、新たに母となった女性たちが母乳育児の習慣を身につけるのをやさしく援助させた。

またカネの使い方がまずいことから生じるトラブルが多いことも、ラムスデンにはわかってきた。そこで一九〇三年、従業員の妻のある小さなグループを説得して家計簿をつけさせはじめた。この家計簿からは労働者が平均的にどういうものにカネを使っているかわかっただけでなく、平均的家族が何を食べているかや、夫の支出におけるアルコールの影響も明らかになった。さらにはギネス従業員同士の間でカネを融通しあう習慣がラムスデンの思っていたよりもずっと大きなことも判明した。

ラムスデンはこうして得られたデータをすべて、従業員に対するサービスを改善することに反映させた。一方ですぐれた改革者は皆そうだが、ラムスデンは大きな流れを把握するため、ギネス社における過去のデータも調べた。一八八〇年のある報告書によれば、当時の死因の四四％が結核だった。天然痘、発疹チフス、腸チフスも大きな割合を占めていた。このデータを見ても私たちは驚かないが、ドクター・ラムスデンもおそらく驚くことはなかっただろう。この年、薬として処方されたものの中にはワイン七六四本、ウィスキー五三五本、ブランデー二一三本が含まれていたのだから。

現在と過去の両方のデータをそろえたラムスデンは、正当な理由のもとにギネス社の医療サービスを最新のものに改めることができた。訓練のゆきとどいたスタッフを雇い、最新の設備をそろえ、そのサービスの幅を大きく拡大した。ラムスデンの関心は単に病人の世話をするだけでなかった。従業員とその家族全員だけでなく、隣近所を含めた共同体全体が健康で、子どもたちが丈夫に育つようなものにすることまで含まれていた。ラムスデンの後にはスポーツ・クラブと競技場、プール、読書室、公園、そして公衆衛生、家事、職業の上で役に立つ、ほとんどありとあらゆる技術を奨励する褒賞制度が残された。

その努力の大半はその後何年にもわたって成果を残しつづけることになるが、とりわけその事業の一つに、創始者自身も夢にも思わなかったほど多数の人びとの人生に大きな影響を与えたものがあった。醸造所の環境をより健康で安全なものにするために、ラムスデンはギネスの従業員たちに応急手当のやり方を教えはじめた。このクラスは醸造所で働く人びとにことに人気が高かった。仕事の中では日常的であるケガの処置に自信を持つことができたからだ。それだけではない。このクラスの人気の高さから、ここに参加した人びとは後にセント・ジョン救急旅団アイルランド支隊の師団として最初に登録されることになる。これによってドクター・ラムスデンとセント・ジェイムズ・ゲイトは、アイルランドの公衆衛生だけでなく、応急手当と救急医療サービスの統一組織として一八七七年イングランドに設立された、セント・ジョン救急協会にもその一部としてつながりを持つことになった。

セント・ジョン救急団のアイルランド師団は、二〇世紀初期のアイルランドがくぐり抜けた紛争の多くで果たした役割で名を揚げた。一九一三年のゼネストや一九一六年のイースター蜂起、そしてアイルランド内戦。内戦についてはリアム・ニースン主演の映画『マイケル・コリンズ』でご存知の方も多いだろう。こうした紛争ではドクター・ラムスデンの旅団の団員たちが、暴力がふるわれている現場で、公平に敵味方双方の負傷者の手当を行う姿が頻繁に見られた。ギネス社に勤めていた間にラムスデンが教えた技で命が救われることも多かった。ドクター・ラムスデン自身が片手に白旗、片手に医師の鞄を持ち、倒れた者に手当をするために銃撃戦の真只中に駆けこんでゆく姿を、多くの兵士が眼に焼きつけた。人びとの尊崇を集めるこの医師が傷に繃帯を巻き、血がまだ止まらない者たちを戦場から運びだしている間、戦闘員たちは銃撃を控えるようになった。その情景は忘れられるものではなかった。そして、激しい戦闘の最中にあってさえ、この苦しみもだえる自分たちの祖国にも明るい未来はやってくるのだと信じられたのも、その情景のおかげだった。こうした貢献とセント・ジョン救急協会アイルランド支部創設の功をもって、ドクター・ラムスデンは国王ジョージ五世からナイトに叙された。この名誉がこれほどふさわしい例は他にはまずないだろう。

ジョン・ラムスデンがその生涯にギネス社に、またアイルランド全体に多くのものをもたらしたか、どれほど強調してもしすぎることはない。ラムスデンの影響、ラムスデンとギネス一族の慈善文化の影響の大きさを掴もうとすれば、こんにちダブリンに住んでいるある商人の身の上話に耳を傾けるのが良いかもしれない。マルヴィンという名のこの商人は六〇代だが、代々家族に伝えられてきた話を忘れることができない。その話によるとマルヴィンの祖父は一九二六年のある日、ギネス醸造所で働いていて、その有名な特注の貨車の間に肩をはさまれてしまった。肩の骨は粉砕され、すごい勢いで血が噴出したのを見れば動脈が切れたことは近くにいた作業員たちにもはっきりわかった。普通なら死はまぬがれないところである。しかしその日、近くにいた作業員たちの数人は、応急手当の方法を教える若きドクター・ラムスデンの言葉を熱心に聴いていたから、どうすればよいか、わかっていた。あわてふためくマルヴィンの祖父を地面に倒し、教えられた通りに傷を縛って、血止めをし、出血性ショックを防いで、診療所にすばやく運んだ。おかげでマルヴィンの祖父は命拾いをした。結婚もした。そして何年もたってからその孫に、ダブリン湾につきでたホース半島の桟橋で釣をしながら、この話を語って聞かせることができた。

同じような話は無数にあり、そのことからドクター・ラムスデンがなしたことの大きさをある程度推測できる。ただし、ラムスデンが単身でそれをなすことはできなかったことも忘れてはなるまい。慈善文化の伝統と社会への関心という基礎があって初めてラムスデンも仕事ができたのだ。その革新的なアイデアのリスクを引受け、支援してくれる賢者たちが必要だった。信頼を獲得できる場、人の命を救う手順を踏み、技をふるうことができる場が必要だった。これを提供したのがギネス社だった。カネがあるからできることの、これは小さな一例である。

アイヴァ・プレイ・センター。ダブリンの貧困層向け放課後の託児所兼塾として 1915 年に開設
3歳から 14 歳までの子どもたち約 900 人が通った

第５章

神のギネス一族

THE GUINNESSES FOR GOD

もう一つの系譜

実を言うと、この章題が適切なものかどうか、気にかかってはいる。とはいえ、こういう題名はあまりに信心深く聞こえるのではないか、とか神を持ちだすと宗教に関心の無い読者にいやがられるのではないか、といった理由からではない。問題はもっと深い神学的なものだ。この世でどう生きるかを考えるにあたって、避けては通れない重要なものなのだ。

ギネスの叙事詩的歴史を研究する人びとは一族を三つの系譜に分けるのが常だ。まずは当然のことながら「醸造のギネス一族」がいる。世界中で熱烈に愛されているブランドにつながっていることから、最もよく知られている。二つ目に「金融のギネス一族」がある。初代アーサーの弟サミュエルの末裔で一八世紀の金箔製造から始まって一大帝国を築き、こんにちでも国際的な金融の世界で活動を続けている。

そしてもう一つが、ギネスの歴史を書く者たちが「神のギネス一族」と呼びたがる系譜がある。初代アーサーの末息子ジョン・グラッタン・ギネスの末裔で、何世紀にもわたって、神にその身を捧げ、信仰の冒険に生涯を費した。その様は、フレデリック・ミュラリィが刺激的なその著書『銀の盃——ギネス一族の物語』で、この人びとに比べれば他の二つのギネスの系譜に属する人びとは「のんびり歩いているようにみえる」と書いているほどだ。

それはその通りだ。この敬虔なキリスト教徒の系譜、宣教師や牧師を輩出し、いくつもの国を変えた人びとの物語は、どんな話にも負けないほど楽しく、また興味をそそる。しかし「神のギネス」という表現を使うと、ギネス一族の他のメンバーはいくぶん神からは遠いと暗示することにもなる。あるいは親族の一部が崇めた神とは違う神々を求めた、とまで解釈することも可能だろう。金融業のギネス一族を「黄金を求めたギネス」と呼ぶ歴史家もいるくらいで、まるでいとこたちが教会に跪《ひざまず》いて祈りを捧げている一方で、この人びとは金銭欲にかられて利益ばかり追求していたと言わんばかりだ。問題は私がある表現を好む好まないということではすまない。キリスト教の歴史でも最大のテーマの一つに関わる神学的問題なのだ。

問題の核心は、宗教と直接関係のない仕事は神の栄光に寄与することができないのか、ということだ。同じくらい重要なのは、現世にかかわる仕事や職業を天職とするのも、神がその計画を明らかにしていることなのか、それともごくありふれた職業はあまりに世俗的で神の意志には含まれていないのか、という問いである。

こうした問題は教会の歴史始まって以来、神学者たちを悩ませてきた。つきつめて言えば、何をもって神聖と判断するか、ということになる。言い換えれば、この世で神とは別のものは何か、ということだ。キリスト教初期の数百年間、教会は常に他宗教を奉じる社会と自分たちは別であると示すことを余儀なくされたから、聖俗の境界は単純だった。教会、聖職者、そしてそれに属する物質的財産までが神聖とされ、それ以外は聖なるものではなかった。この考え方は中世末期まで続いたが、その頃には極端な形になっていた。あなたには現世、こなたには教会があり、この二つはまったく別のもので、常に相容れないものだった。教会と現世の別はごく明確だったから、文字通り塀をまたぐとか、地面に引いた線をまたぐだけでも、聖から俗へと移ることができるほどだった。しかし人間の日常生活が神聖なものとは考えられなかったことは問題だった。日常の暮らしは世俗世界の一部であって、教会とはもちろん、神とも別のものだった。日々の仕事や家族、友人たちとの談笑、自然の驚異ですら、それらよりも崇高な「天国に属するもの」とは別であるとみなす教会指導者が多かったのだ。

ルターやカルヴァンのような一六世紀に著述を残した宗教改革の指導者たちは、聖書の教えるところはそうではないことを知っていた。教会内の地位だけではなく、ありとあらゆる種類の職業や仕事も神から与えられた天職であると主張した。したがってかれらの教えるところでは、農民よりも司祭の方が神聖であるなどということはなかったし、司教が宿屋の主よりも聖なる仕事についていているとも言えなかった。ルターは書いている。

「世俗の仕事のようにみえるものは、その実、神を言祝ぐものであり、そこで示される従順さは神のよく嘉《よみ》したまえるところである」

また宗教改革者たちの教えによれば、神は人が俗物であることは望まれないが、その意志を実現するために俗界に積極的に関わるよう命じられているのだ。つまりは、ローマ・カトリック教会の教えのように、俗界から離れれば離れるほど人はより神聖になるのではない。神聖かどうかはイエスのイメージにどれくらい近いかで決まるのであり、そのことを人はできるかぎりはっきりと実際の行動で示さねばならない。そう宗教改革者たちは教えたのだ。言い換えれば、キリスト教徒である商店主や蝋燭造りは自分の仕事に精を出すことで神に仕えている。イエスならばそうしただろうからだ。技を磨き、取引に秀で、道徳を守り、そして仕事に喜びをみいだす。そうすれば何千人もの僧侶が修道院に隠れ住むよりも世の中に貢献する、と宗教改革者たちは信じた。ルターは例によって歯に衣着せぬ言い方で、「家事の雑用でさえ、修道僧や修道女たちの作業全部よりも」神の栄光を増す、と言っている。

かくて宗教改革者たちは人間が勝手に引いた聖俗の境界線を廃止し、その技や仕事を通じて神の栄光のために奉仕せよと人を世に送りだした。初代アーサー・ギネスとその子孫の一部はこうして根本から改革された信仰を奉じ、それを通じてプロテスタント流のこの仕事の倫理がギネス一族の人生に沁み透っていった。神への奉仕のために編みだされた技と同じく、醸造業は神聖なる奉仕として営むことができると一族の大半は理解していた。ギネス一族の人びとは自分たちは世俗の人間ではなく、その仕事は神から与えられたものとみなしていた。自分たちがしていることとはキリスト教の聖職と変わるものではなく、製造業と商業においてキリスト教の聖職を果たしていると考えた。醸造業は日々の暮らしを支えるための卑しい仕事で、ときおり教会のミサに参列することでその世俗のふるまいの埋め合せができると考えてはいなかった。逆に、人は何をやっても神へ奉仕することになるのであり、仕事と天職はふつうは同じことであるという宗教改革の理想を信じていた。これによって作業台は祭壇となり、人の手になる労働は神を讃える儀式になるとも理解していた。

したがって宣教師や牧師となったギネスの系譜はたしかにあると認めるものの、そのメンバーが他の系譜に属する一族よりも神との結び付きが強いとは、私にはどうしても思えないのだ。テレビで説教する伝道師と同じくらい、銀行家もまた神から与えられた仕事であり、神を喜ばせることができる。醸造家もまた神の王国で重要な役割を果たせる点においては、宣教師にも司祭にも、いや教皇にすら負けない。これがギネスの歴史の核心をなす真実である。ギネスの精神は大部分これによって裏打ちされている。その成功も、この世で善行を行うと決めたことも、大部分はそこに発している。

インドにわたったジョン・グラッタン

初代アーサーの子どもたちの一人についてはこれまでわざと触れずにきた。ここであらためてとりあげてその事績に驚異の眼をみはっていただくためだ。それはジョン・グラッタン・ギネス、初代アーサーの末息子の物語である。アーサーとオリヴィアの夫婦が一番気にかけ、誰よりもその魂のために祈っていただろう息子である。

子どもというものはそれぞれ独自の、二人と同じ人間のいない存在ではあるが、その魂には両親の一部を抱えている。一家の子どもたちを全部合わせれば、その両親の人となりの総計が現れる。ちょうどプリズムに分けられる色調の中に光に含まれる色合いがすべて入っているのと同じだ。しかし子どもたちの一人ひとりはその全体の一部しか受け継いでいない。それぞれの子どもがその両親の人生の延長としてかくも魅力的なものになるのもそのためだ。

これが正しいとすれば、ジョン・グラッタン・ギネスは初代アーサーの情熱にかられた抑制の利かない面を受け継いだ。長男で聖職者のホセアは信仰の篤さを受け継いだ。二代目アーサーは、その父に着実さと管理能力、そして醸造会社を成功に導くことを可能にした知恵が備わっていたことを証明している。このことは子どもたち全員の人生全体についても言えるはずだ。

一〇番目の子どもであるジョン・グラッタンが受け継いだアーサーは、鶴嘴を掴んで「まことに不穏当な言葉で」醸造所の水の供給を止めるのは許さないと役人に言ってやったというあの話に出てくるアーサーである。戦士であり、お役所主義や自分の邪魔をする者にはがまんならないアーサーである。ジョン・グラッタン・ギネスは全身この精神からできていた。

ジョン・グラッタンがアーサーの息子娘たちの中で、抜きん出て驚くほどハンサムだったことは確かで、これが原因でかれはよくトラブルに巻きこまれた。またジョン・グラッタンは向こうみずで冒険精神にあふれ、時には度が過ぎることもあった。上流階級に属する一家の糞真面目な生活様式はもうたくさんだと感じていたのかもしれない。あるいは父親から威圧的にあれこれ命じられたり、愚痴っぽい兄姉たちからいちいち口を挟まれることに嫌気がさしてもいたのだろう。ひょっとするとその魂の中では、より深遠な闘争がくり広げられていたということもありうる。いずれにしても、ジョン・グラッタンは鋳型《いがた》をはめられればこれを内側から壊したし、家の決まりには公然と反抗した。

一七八三年に生まれたジョン・グラッタンは一五歳の時、もう少しで殺されるところだった。一七九八年、カトリックの労働者たちがフランス革命を手本にしてアイルランド共和国を打ち立てようと蜂起した時、かれはこの叛乱の鎮圧にでかける兄たちに一緒に行きたいとせがんだ。若すぎるという理由で拒まれると、こっそりと戦いに出かけ、秘密命令を伝える任務についていた時に負傷した。

後に続いた意志と意志のぶつかり合いは、人の運命を左右するものだった。冒険の味をしめたジョン・グラッタンは醸造業は自分の性には合わないと宣言し、軍隊に入るつもりだと明かした。父のアーサーはこの少年を説得するのは無理だと覚っていたから、むしろほっとしたにちがいない。軍隊生活は良いものであり、富裕な家の年若の子弟にとっては普通の職業だった。子どもたちの中でも一番言うことを聞かないものも、軍隊に入ればすこしはおとなしくなるのではないかと期待してもいたはずだ。わがままな若者がインドの英軍に入るため出航した時に、その息子を神に捧げているアーサーの声が聞こえるようだ。

それから数年間、ジョン・グラッタン・ギネスはかの拷問のような暑さの国で、伝説的なアイルランド生まれの軍人アーサー・ウェルズレー（後のウェリントン公爵）の指揮のもとに、向背定まらない藩王国の間に軍事力による平和を押しつけて過ごすことになる。敵にまわった藩王《ラージャ》たちを追い、敵意に満ちた地域を数週間何百キロにもわたって行軍することもあった。日中の炎熱と夜間の寒冷に兵士は消耗した。それだけではない、恐怖もあった。英軍の兵士は捕えられると、ジェッティと呼ばれる怪力のヒンドゥー教徒たちに頭蓋骨に釘を打ちこまれるか、首を捻じきられるか、どちらかだった。英軍はほとんどいつも勝利を収めたが、兵士一人ひとりが肉体と精神で払う代償は大きかった。

ジョン・グラッタンは長いことセリンガパタムに駐屯していたが、何より耐えがたいものは敵ではなく、同僚士官たちのふるまいだった。酒を飲んでは喧嘩が絶えず、何かというと弱い者に当たりちらすありさまは、ジョン・グラッタンのように洗練されたキリスト教徒として育てられた人間には不愉快きわまりなかった。他の士官たちに認められていた掠奪や淫行は耐えられるものではなく、まもなくジョン・グラッタンは一時期自己省察にふけるようになり、やがて人生の焦点を合わせなおすことになる。

しかし、その前に、ジョン・グラッタンはその世間知らずに加えて、兄たちを無条件に信頼したことで、ほとんど破産寸前に陥る羽目になった。この前後、兄のエドワードが連絡してきて、パーマストンとルカンに大規模な製鉄所を造る計画を明かした。しかしエドワードの資金は十分ではなかったため、ジョン・グラッタンが父親の遺産としてもらった一五〇〇ポンドを投資する気は無いかともちかけてきたのだ。計画は必ず成功するから、その金をジョン・グラッタンが必要とする頃には財産は倍増していると、エドワードは保証してもいた。

一八一〇年、休暇で帰国したジョン・グラッタンには分け前を要求する理由ができた。かれはダブリンのある長老市参事会員の娘スザンナ・ハットンと出会い、結婚を決めた。ところがエドワードに対する父親の心配がまさに的中したことが明らかになった。信仰において迷えるのと同様に、実業の世界では無能だったのである。製鉄所は失敗し、ジョン・グラッタンの一五〇〇ポンドは泡と消えていた。これは手痛いショックだった。新婚の花嫁を連れてインドにもどり、いまだに反抗をやめないかの国で身を焦がすような任務をさらに何年も続けなければならないことを意味したからだ。

とはいえ人生のつらさが魂の転変を起こすのはよくあることであり、インドにもどってからのジョン・グラッタン・ギネスにもあてはまる。アイルランドでは福音伝道主義、とりわけウェスレー主義を表明することは反発を受け、抑圧されてもいた。しかしインドでは同僚士官の一人がこの新しい信仰の形に夢中になり、心からこれを支持していた。ジョン・グラッタンは自分が敬愛している人びとがキリスト教徒としての深い真実の言葉を口にするのを耳にした。昼間は獰猛《どうもう》なまでに敵を追いかける人間が、夜には床に着く前に救い主への深い愛を吐露して祈るのである。そうした人びとが士官クラブでギネス大尉と霊魂への情熱を語り合うにつれて、ジョン・グラッタンは引き込まれてゆき、やがて自分は「生まれかわった」と故郷への手紙に書くようになった。新たに打ち込めるものを得て人間として成熟する時間を、ジョン・グラッタンはインドで得たのだった。それには妻のスザンナも一緒だった。彼女は霊魂に関することでは夫と一心同体となったからだ。

妻の死とビジネスの失敗

あらためて見出した信仰に歓びを与えられたにもかかわらず、インドでの歳月は辛いものだった。厳しい気候と気の休まることのない緊張と危険に、二人の健康は損われた。ジョン・グラッタンは一八二四年に帰国するが、病を抱え、余力も尽きていた。スザンナも夫とともに帰国したが、二年後に死ぬ。しかしその前に夫は醸造業に携わる親族たちからさらに屈辱を味わわされることになった。

ジョン・グラッタンが帰国した時、アーサー二世はかれを仕事につけるのは自分の義務であると考えた。弟は受け継いだ遺産をすべて失っていたし、家業の醸造業を成功させている一族の長としては、ギネス大尉が貧窮に陥るままにしておくわけにもいかなかった。アーサーは弟をリヴァプールに送り、マネスティ・レーン二九番地にあったギネスのエージェントの指揮を引き継ぐよう指示した。二人の共同経営者とともにジョン・グラッタンは一族の他の事業からは切り離された輸入業を営むことになった。仕事はビールを輸入することだったが、それは副次的なものだった。主に扱っていたのはアイリッシュ・ウィスキーであり、このことがのっぴきならない結果を招いた。当時の福音伝道主義者の例として、ギネス大尉は禁酒主義者、アルコールは一切飲まず、すべての人間も酒は絶つべきだと信じていた。それだけではない、ウィスキーは悪を生みだすものの一つであると信ずるようになってもいた。この世を苦しめる悪の大半はそこに原因があると信じていたのだ。ジョン・グラッタンは事業の対象をウィスキーとビールからパンなど他の製品、より健康的で、倫理的とも思えるものに移そうと試みた。しかし計画は失敗した。利益を生みだしていたのはウィスキーとビールであり、パンではなかった。一年足らずのうちにジョン・グラッタンは辞任した。兄をがっかりさせたのは残念だったが、事態をそれ以上悪くしたくはなかったからだ。

この時期にジョン・グラッタンは人生の敗残者になってもおかしくはなかったろう。軍人としても成功せず、事業家としてもやはり失敗した。さらにまたスザンナとの間に生まれた二人の息子、ジョン・グラッタン(・ジュニア)とアーサー・グラッタンも、ギネスの名にふさわしい人間であるところを見せてはいなかった。ジョン・グラッタン・ジュニアにいたっては、「不道徳な交際」の故をもって醸造所から解雇されていたし、ブリストルの支社でもう一度与えられたチャンスも活かすことができなかった。ギネス大尉にとってはまことに失望させられる話で、おのれの失敗のリストにまた一つ失敗が加わって、人生にますます幻滅することになった。大尉はチェルトナムに隠棲することにした。インドで軍務についていた士官たちが隠居する「神の与えたもうた休憩室」と呼ばれた街である。ここで会衆派教会に通うことを慰めとしたのだ。

人生の第二幕

とはいえ、かれにも取り柄はまだまだ残されていた。ジョン・グラッタンの系譜に関する最良の書物であるミシェル・ギネスの『ギネスの天才』の一節。

中年にあってもジョン・グラッタンはギネス兄弟のうちで最もハンサムだった。軍人らしく背筋がぴんと伸び、ハイカラーとスカーフの上にのった顔は堅実で威厳に満ちていた。黒髪には一筋の白髪もなく、長い揉み上げにも白いものは無かった。これまでの人生でこうむった深い傷を暗示するものは、異様なまでに蒼ざめた顔色だけだった。若い頃の闘志や勇み肌はとうの昔に燃えつきており、あとに残ったのははにかみ屋で、眼鏡の蔭に隠れることも多く、読書とダブリンの社交界に顔を出すという、単純で孤独な楽しみを好んだ。

ほとんど誰の人生にあっても、第二幕がありえることを、私たちは忘れていることが多い。人生の半ばも過ぎて絶望し、幻滅している人間でも、愛や仕事や、あるいは何らかの大義へ身を捧げることで、人生の前半には恵まれなかった、生きている意義や充実した生活を手に入れた者はたくさんいる。ジョン・グラッタン・ギネス大尉の場合もまさにこれにあてはまる。かれはジェイン・デステレという名の優雅な女性に幸福を見いだしたのだ。

ジョン・グラッタン・ギネスとジェイン・ルクレティア・デステレは一八二九年、ダブリンのヨーク・ストリート礼拝堂で出会う。男は中年から老年にむかおうとする頃で、それまでの人生でなしとげたことの貧弱さに失望し、聖書を読むことと独りで過ごすことで満足していた。女は男を惑わせる美女だったから、いかにして大尉の心を掴んだかは想像に難くない。ミシェル・

ギネスが描くところのジェイン。

オコンネルの伝記のうちでも早いものの一つに「ダブリンの美女ミス・クレイマー」と書かれたジェインは息子の一人の言葉を借りれば、「賞賛と愛情をかちえるために形作られたようにみえた。（中略）波打つ黒髪が、秀でて美しい額の上にかかっていた。眼は濃い褐色で、知性の輝きを宿していた。弓形の眉。わずかに鷲鼻がかった鼻筋。口はかなり大きく、唇はよく動いて豊かな表情を生んでいた」。ジェインはほんものの美人であり、ロワイヤル劇場の舞台に初登場した時にはダブリン全市が魂を奪われた。かの野生の詩人バイロン卿までが眼を惹かれた。

とはいうもののジェインがギネス大尉と出会うまでの経歴はこみいったものだった。ジョン・デステレと結婚しており、豚肉商であった夫は分別よりも空威張りの方がめだつ人物だった。デステレはダブリン自治団《コーポレーション》（ダブリン市を統治する組織）の一員であり、カトリックの有名な政治指導者ダニエル・オコンネルが市政幹部をさして「乞食同然」と述べた際、これを自分に向けられた侮辱ととって、謝罪を要求した。その要求をまともに受けとる人間はほとんどいなかったし、オコンネルもはじめは相手にしなかったが、デステレは事態がうやむやになるのを認めず、結局決闘で決着をつけるしかなくなった。

一八一五年二月二日、この件を報ずる『ダブリン・ジャーナル』の記事は偏見にこり固まっている。

昨日午後四時、ビショップス・コートにおいて、ダブリン市会商人ギルド代表の一人デステレ氏とオコンネル議員との決闘が行われ、悲しむべきことに前者は腰を負傷した。争いの原因は法皇主義者の集会の一つでオコンネル議員がダブリン自治団に対して無礼な発言を行ったことである。この発言にデステレ氏は憤慨し、説明を求めたが、さらなる無礼な返答を受けたため、この決闘を求めるにいたったものである。デステレ氏の負傷は命に関わると

ジェイン・ルクレティア・デステレ＝ギネス

ジョン・グラッタン・ギネス大尉

されている。弾丸は摘出されていない。

翌日、デステレは死ぬ。残されたのは夫の死体が家に運びこまれるまで、まったく何も知らされていなかった未亡人と二人の幼い子どもだった。

しかしジェインは尋常な女性ではなかった。スコットランドのロウランド地方、エクレファシャンのある家に移ったが、ダブリンからそれだけ離れてみても、苦労から離れられるわけではなかった。ある日、川のほとりにすわっていて、音をたてて流れる水に飛びこみたいという誘惑と戦っていた。川に誘われていたジェインを白昼夢から呼び覚ましたのは、近くで馬に鋤《すき》を牽《ひ》かせていた少年が口笛で吹く聖歌だった。しばらくの間、その若者をじっと見つめたジェインは、この単純な青年が仕事に追われながらそこに歓びを感じているのに、自分は自己憐憫に深く落ちこんでいたのだと思い知らされた。ジェインは気をとりなおし、これ以上落ちこまないことに決め、ダブリンにもどって音楽教師として生活を切り開いていった。また聖ジョージ教会で聴いた説教から、イエス・キリストへの信仰をも見出した。この信仰は深く、人生を変えるほどのもので、おかげでジェインはそれまでの人生でさんざん裏切られてきた信頼をとりもどすことができた。未亡人にはなったがその魅力はまったく衰えていなかったから、雨霰とやってくる結婚の申込みのどれかを甘んじて受けていれば、もっと楽な暮らしをすることもできただろう。しかし、ジェインは孤閨《こけい》を守り、子どもたちを育て、そして神からくだされる時機を待った。

その時機がやって来たのはジェインがギネス大尉と出会った時だった。二人ともそれぞれに失望と痛みを抱えていたが、たがいの愛は古傷を癒す薬となったし、しばらくは持てなかった形の希望を抱かせるものともなった。二人は主にチェルトナムに暮らしたが、ダブリンとクリフトンも定期的に訪れた。ギネス家は規模の大きな一族だったから、成人した子どもたちを訪問したり、相談に乗ってくれる親族には事欠かなかった。一八二九年に結婚してからの五年間、二人の暮らしは幸せであるが、一つところに腰をおちつけたものではなかった。

偉大な息子の誕生

ジョン・グラッタン・ギネス大尉はギネス一族と醸造所創業者の直系であったから、それだけでも二人の物語は語られるに値する。その人生劇そのものも波瀾万丈だし、苦しい時期を支えた信仰の強さも語られるに値する。けれども、二人の人生の旅路がギネスの物語を繙《ひもと》くのに欠かせないもう一つの理由がある。それは一八三五年、五二歳のジョン・グラッタン・ギネス大尉と三八歳のジェイン・デステレ・ギネスの間に息子が生まれ、ヘンリーと名付けられた時だ。両親にとっては年をとってからの子であり、二人はこれを神の尽きることのない恩寵の徴と信じた。そのヘンリー・グラッタン・ギネスは、同時代に信仰を熱くかきたてた者の一人として、ドワイト・L・ムーディやチャールズ・スパージョンと並び称される偉大な説教者となるのである。

とはいえ、ヘンリー・グラッタンの最初の二〇年間には、将来そのような存在になる気配をうかがわせるものは何もない。引退した軍人たちに囲まれて育ち、風変わりな土地での血湧き肉躍る冒険や、奇妙で危険な連中から間一髪逃れた話をよく聞かされていた。こうした話は若者の想像力をかきたて、一四歳になり、父親が死ぬ頃には、自分が望むものに比べれば、醸造業者としての人生など退屈すぎると考えるようになっていた。ヘンリー・グラッタンは夢を見ながら森をさまよい、近くにある古城の廃墟に登ったりして毎日を過ごした。一七歳になると、兄のウィンダムに倣って、海へ出る決意をかためた。

一方で、力強い信仰の種はすでにその魂に植えこまれてもいた。ヘンリー・グラッタンが育った家庭は敬虔きわまるキリスト教徒のもので、日々祈りをささげ、日曜には必ず教会へ行き、慈善事業にはげむことが生活の柱だった。神をうやまうこうした折りには何か別のことを考えていることが多かったが、一つだけ、大切な思い出として死ぬまでなつかしんだものがある。『ヨハネ黙示録』の中の好きな一節を朗読するよう父に求められて、ヘンリー・グラッタンは聖書を読んでいた。その時、

私たちが座っていた静かな部屋の中へ街路灯の明りがさしこんでいて、すると新エルサレムについて述べた一章の荘厳で美しいイメージがその場の情景を一層純粋で崇高な光で照らしだすように思われた。当時ほんの子どもではあったものの、その一節を父が心の底からうやまっていることがいくらかなりとも身に沁みてきて、永遠なる真実に調和した魂のふるえ

を父とともに感じた。

こうして幼い頃に種は芽を出したにもかかわらず、ヘンリー・グラッタンは一八五三年、船乗りとなり、「悪い仲間と悪い道に踏みこんだ」。一年後、休暇で家に帰ると嬉しいことに兄のウィンダムもちょうど休暇で帰っていた。ウィンダムがどんな風変わりな冒険をしてきたか、話を聞きたかったからだ。ところが兄は冒険ではなく、ピークという名のキリスト教徒の一等航海士の薦めでキリストへの信仰にめざめた次第を語ったのだ。ウィンダムはそれ以外のことを話題にしようとはせず、兄弟はある晩、イエス・キリストと人間に捧げたその遺志について明け方まで話しこんだ。しまいにウィンダムは寝てしまったが、ヘンリー・グラッタンは心の底からかきたてられて、とても眠るどころではなかった。後にかれが語った言葉を借りれば、兄は「それまで夢にも思わなかった、人の道としてほれぼれするようなもの」を描いてみせたのだ。朝がくると、家族はヘンリー・グラッタンが変わったことに気がついた。信仰についての本を読むようになり、長いこと祈るようになった。

変身は始まってはいたものの、まだ完成してはいなかった。ヘンリー・グラッタンは再び海へ出た。が、まもなく重い病気にかかって陸へ上がった。療養している間に仕事を変えようと考えだし、それには農業がぴったりだと考えた。やがてカシェル近くのある農家に引受け先を見つけ、耕作者としての道を学びはじめた。ところが、ほどなくして狩りに出た折に、足首をひどく捻挫してしまった。これでまたけがが治るまで寝たきりの生活にもどることになり、その間に自分の来し方行く末を真剣に検討しはじめた。それまでの二〇年間、その日暮らしをしてきたことを悔い、おのれの人生を意味あるものにするような、より深いものを聖書の中に探しだした。そしてそれが見つかる。後にヘンリー・グラッタンは書いている。

未来は希望に輝いていた。栄光と永遠の生命の門が私の心眼の前に開け、これからの人生を満たす純粋で完璧な存在が果てしなく拡がって輝いていた。それは魂の結婚だった。自ら生みだした永遠の愛である神とその神に造られた人間、必要とあればどこまでも自らをさし出す愛にあふれた人間の合体であった。

ヘンリー・グラッタンは炎の人だった。チェルトナムの母の家にもどり、母の伝道事業に加わった。またニュー・カレッジ・ロンドンに入学申請も行った。一人前の聖職者になろうとすれば必要な学問を修めたいと考えたからだ。ただ、学問への道に進むにはかなりのためらいもあった。学校で学問を修めることは聖なる熱意に「水をさす効果」があることにヘンリー・グラッタンはすでに気がついていたから、後に回想しているように、「入学した日の夜、かの偉大なる都の街路を歩きまわりながら、堕落することのないように、聖なることがらに冷めることのないように、涙をぼろぼろ流しながら神のことを思いつづけていた」のだった。こうした警戒心があるようでは学問での成功はおぼつかない。結局ヘンリー・グラッタンは二年次の途中で退学する。

世界中を説いてまわったヘンリー・ギネス

一方でかれは説教を始めてもいた。そしてこちらでは驚くほどの成功を収めた。二一歳の誕生日の日記に、自分が唯一、心から望むことは「説教に生き、説教に死ぬことだ。説教壇の上で暮らし、死ぬことだ。その場で倒れて死ぬまで、説教によって罪人を滅ぼすことだ」と書いている。この祈りが神の耳に届いたかと思われるほどだった。街頭でのヘンリー・グラッタンの説教には大群衆が集まり、罪人を改宗させることでその名は広く知られるようになった。説教の力の大きさのあまり、一八五七年、ロンドンのムーアフィールド福音伝道教会堂《タバナクル》で説教するよう招かれた。ここはすなわちジョージ・ホワイトフィールドが宣教活動の本拠としていたところだ。ここでもヘンリー・グラッタンの説教によって、驚異的な数の人びとが改悛、改宗した。その数があまりに多かったので、教会の長老たちは、当時大学をドロップアウトした二一歳の人間にそこの主任牧師《パスター》にならないかと提案した。

これは実に魅力的な誘いだった。説教師として成功してはいたものの、ほとんどカネにはならなかった。叔父のアーサーから四〇〇ポンドの遺産を受けた際も、高齢の母にこれを譲っていた。それでもヘンリー・グラッタンは教会堂からの誘いを断わり、代わりに巡回牧師として叙任してほしいと申し出た。こうしてかれは二代目のジョージ・ホワイトフィールドとなり、一八世紀のこの偉大な福音伝道師とよく比べられることになる。ロンドンを発したヘンリー・グラッタンがフランス、スイス、ウェールズ、スコットランドと説教を重ねるにつれ、その果実はまさに一世紀前、ホワイトフィールドが集めたものに匹敵するものとなった。

しかしヘンリー・グラッタンは最後にダブリンへともどった。そして大歓迎を受ける。ミシェル・ギネスが書いているように、地元の新聞も「プロテスタントの説教師はプロ・ボクサーのようにたがいの足を引っ張りあっている」として関心を抱いた。ヘンリー・グラッタンはスパージョンのライヴァルとして描かれたが、これはばかばかしくもあり、気まずいものでもあった。というのも、当時名のある説教師は皆、その一挙手一投足を新聞記事に書かれたからだ。『リヴァプール・マーキュリー』はヘンリー・グラッタンについて、次のように描写している。

中肉中背の控え目で飾らない二一歳の若者は膝までの丈のフロックコートのボタンをほとんどネッカチーフのところまでかけている。真ん中で分けた長い黒髪は眼を天に向ける時には肩まで垂れ、自然な背景となって顔を包む。すると顔は古典的ないし詩的とも言える威光に包まれ、そこに浮かぶ表情は残らず強調される。使う言葉はまったくの子どものように単純だ。

ヘンリー・グラッタンが一八五八年二月アイルランドに着いた際にも、こうした新聞記事が突風のようにどっと現れた。その中には母親の最初の夫の死に様や、ギネス一族の誰かが過去に犯した悪事をわざわざ書きたてたものもあった。それでも街はそこで生まれ育った息子を誇りにしたし、今や国際的な名声をかち得た者がギネス一族の人間であることはさらに自慢できると受けとめた。二月八日のヘンリー・グラッタンの最初の説教はダブリンの『デイリー・エクスプレス』が詳細に報じた。

外見は二一歳とも思えない。瘠せぎすで整った顔立ち、どちらかといえば色白で、伸ばしてオールバックにした黒髪と組み合わさると、人目を惹いて逸らさない。説教壇では気取らず静か、あらゆるものが単純であるがゆえに聴衆には強い印象を与える。その仕種はおどろくほど優雅適切で、雄弁さを誇示するようなところはまったく無い。さらに加えてその声は耳に快く、抑制がよく効いている。

一週間とたたないうちに、新聞記事の内容は若い説教師の外見から、説教師が聴衆に与える効果の方に移った。ダブリンでこのようなことは前代未聞だった。人びとは改宗し、教会はあふれはじめた。アーサー・ギネスの孫がかれの神についてやむにやまれぬ調子で語ることを聞きに、市の上層部が現れるようになった。ここでも『デイリー・エクスプレス』を読んでみよう。

この説教師は当市に到着以来これまでに市内で九回の説教を行っており、これが引きおこした興奮はこれまで日毎に大きくなりこそすれ、冷める気配も見せておらず、今週もまたさらに拡大を続けることはまず確実である。（中略）これほど選りすぐりの聴衆を前にしたことのある説教師はほとんどいない。その中にはあらゆる宗派の精華もおり、国教会聖職者団のメンバーもかなり数えられる。国内でこのような折りに、富裕層、相応の地位ある人びと、教養人士に加えて、市内で福音伝道に携わる信心深い人びとの比率がこれほど大きかったことは空前であると思われる。判事、国会議員、雄弁家として著名なる人、トリニティ・カレッジの教授陣、様々な職業の達人、そして活発なるこの大都会の社交界を飾る紳士淑女の方々が相当数、この新たなる呼びものに惹かれて、平日でさえも非国教会の礼拝堂に犇《ひしめ》いている。水曜の午前には総督閣下も、御一族の紳士方とともに臨席されていた。昨日の午前には大法官、控訴院長官、それにペンファーザー男爵が聴衆に数えられた。

まるでダブリンだけではヘンリー・グラッタンにとって狭すぎるようでもあった。かれはまもなく市から出て農村地帯へと入っていったが、そこでは人びとは先を争ってかれの説教を聞こうとしていた。ある観察者は書いている。

この人物が農村地帯で受けた歓迎は一つの例外なく、ダブリンで受けたものとそっくりだった。これに比べられるものは、生きている人間の記憶にあるかぎり、アイルランドではまったく無い。その説教の告知だけで地域の住民が丸ごと動きだす。説教に使えるような地域で最も大きな建物でも、説教を聞こうと詰めかける人数を収容できない。津波のような群衆が日々付きしたがう。どこに行っても地元の新聞がその外見と行動をその日のトップ・ニュースとして報道した。

その巨大な人気と影響力を別としても、ヘンリー・グラッタンの単純明快さは見逃すわけにはいかない。かれは感情を煽ろうとはしなかったし、群衆を異常な興奮状態に誘うように巧妙に仕組まれた操作もしなかった。そうではなく、ヘンリー・グラッタン・ギネスはただひたすらに福音を説いた。冷静に、平明に、そして聴衆への敬意を忘れずに。そこには「派手な雄弁術を巧妙にひけらかすことも、目眩しの舞台効果も、劇的効果をねらった仕掛け」は何も無いと『デイリー・エクスプレス』も太鼓判を押している。そういうものが無くてもヘンリー・グラッタンの説教が効果的だったのは、「知的倫理的なその力の隅々まで、いと高きところからの聖なる感化力が滲みわたっていた」からだった。

一般世論も新聞も、同時代の洗礼者ヨハネとなったこのもう一人のギネスを醸造会社トップのベンジャミン・リーと比べてみないわけにはいかなかった。『光と闇――ギネス一族の物語』の中で、万事周到なデレク・ウィルソンは当時誰の眼にも明らかだったその際立った違いをとらえている。

二人は二つの要素、宗教への熱意と商売の才能を代表していた。この二つは長いこと居心地の悪いままに提携していたのだが、ここで別々の存在となったのだった。ヘンリー・グラッタンはカネを蔑んだ。ベンジャミンは億万長者への道を着々と歩んでいた。ダブリンのギネスはその富をビールから得ていた。ヘンリー・グラッタンは禁酒運動を支持していた。福音伝道者はキリストがすぐにも再来し、新たな秩序を打ち立てると信じた。そのいとこはこの俗世にあって、ゆきすぎるくらいに満足していた。ヘンリー・グラッタンは強烈かつ個人的信仰を主張した。ベンジャミン・リーが代表していた既存の宗教は、その非国教会信徒の親族の眼には、霊的には死んだも同然としか思えないものだった。

ダブリンのギネス一族との緊張関係のせいか、あるいは神から召喚されたと思ったせいか、とまれヘンリー・グラッタンは北へとむかい、ベルファストを中心とするアルスターの工業地帯に入ることにした。この一帯の各都市の状況はダブリンの状況悪化に肩を並べるまでになっているところも少なくなかった。さらに過熱した政治や宗教の緊張が混乱に輪をかけていた。このような場所にキリストの福音を伝えるにはヘンリー・グラッタンはうってつけの人物だった。かれは「党争」からは一段上に身を置くようにして、政治やささいな宗教上の分裂など超越したキリストへ帰依するよう呼びかけたのだ。その結果には驚嘆するほかない。頑なだった男たちがその説教に涙を流した。悔悟の念や「聖霊の力」の重みに耐えかねて、何人もの人間が死んだように倒れ臥すことはいつものことだった。説教師自身はまことに冷静かつ理性的だったが、その言葉に宿る眼に見えない力に、心の鎧も、統一を妨げる壁もともに崩れおちた。ある記者の書くところによれば、説教するギネスの背後の舞台にありとあらゆる宗派の聖職者たちがずらりと並んだところは、「これらの牧師たち全員が、自分たちの教会よりも広い一つの教壇に集まったのはこれが初めてのこと」だった。

これらの説教の余波は説教そのものにも劣らず劇的だった。神を求める信徒でどこの教会もあふれ、牧師たちはヘンリー・グラッタンの例に倣って悔悟とキリストへ身を捧げよという福音を穏やかに飾り気ぬきで説いた。一八五九年から一八六二年の間に、アルスターのプロテスタント教会だけでも一〇万人単位で信徒を増やした。一八七四年にジョン・グラッタン・ギネスが中心となって招いたアメリカ人伝道者のドワイト・ムーディと独唱者のアイラ・サンキーがアイルランド全土を説教してまわった。この二人は、以前にその地を訪れた先駆者と神の偉大な御業が蒔《ま》いた種から育った果実を収穫することになった。

ヘンリー・グラッタンは説教師として世界でも最も有名な一人となった。アイルランド北部での成功に続いて、アメリカをツアーした。当時はこの悩み多き国にとって将来を左右する時期だった。一方では信仰の復興が芽生えはじめてはいたものの、片方では奴隷制と州の権利をめぐる戦争の亡霊に呪われてもいた。ヘンリー・グラッタンはフィラデルフィアで一〇週間、ニューヨークで七週間説教を行ってからカナダとアメリカ西部諸州全土の諸都市を訪れた。このツアーが終わった時、かれは疲れはてていた。多い時には一週間に九回の説教を行うようになっていて、休息が必要だった。イングランドにもどり、デヴォンシャのイルフラコウムで休暇を過ごした。このことはヘンリー・グラッタンの生涯で最も重要な判断の一つとなったのだった。

ヘンリー・グラッタンはこの時、二五歳。キリスト教からの発言者としてその時代で最も重要な存在となる可能性を秘めていたものの、周囲には誰もおらず、ただ独りでいることがだんだん重荷になってきていた。イルフラコウムでヘンリー・グラッタンはこの危機に終止符をうつ女性と出会うことになる。

この女性はファニィ・フィッツジェラルド、夫にとっては歓びをもたらす源泉となるのだが、本人の過去は悲劇の連続だった。父親はエドワード・モールブラ・フィッツジェラルド少佐。アイルランドでも最も由緒ある貴族の一員だった。しかし少佐はこの一族のはみ出し者だった。というのも少佐はローマ・カトリック信徒の娘と結婚することにしたからである。この決断は大いなる不幸のもととなった。一族からは見すてられ、経歴には傷がつき、そして結婚そのものも離婚に終わった。後に少佐はメイベルというりっぱな女性と再婚し、この結婚は幸せなものとなった。が、一連の悲劇はそこから始まる。

メイベルは結核で死に、後に夫と五人の子どもたちを残す。ファニィは二番目だった。この時少佐は退役し、ジャーナリストとして成功してはいたが、金銭的に楽ではなく、子どもたちをそれぞれに世話するのも負担だった。そこへ天然痘が流行した。ファニィの兄ジェラルドはこれにかかって死に、ファニィも病気になった。ジェラルドが死んだのはヴィクトリア女王の結婚を祝う鐘の音が鳴りわたったその日だった、と自分を抱く父親が言い聞かせる様子を、ファニィは死ぬまで一つ話に語った。

少佐にはこれは耐えられるものではなかった。かれはフランス行きの蒸気船に乗り、船の談話室で酒をなめて何時間も過ごした後、遺書を書き、そして甲板に出て海に飛びこんだ。

それからまもなく、ロンドンの保険数理士で代表的なクェーカーだったアーサー・ウェストは、フィッツジェラルドの死を伝える新聞記事を読んでいるところへ、事務所の同僚から一通の手紙を渡された。開けてみるとそこにはエドワード・フィッツジェラルドの署名があった。手紙は明らかに正気ではない人間の書いたものだったが、それでも四人の子どもたちへの懸念を吐露していた。子どもたちの面倒を自分は「まもなく見られなくなりましょう」。そして手紙は「これが貴殿のもとへ届く時には、私はいかなる返事も届かないところに行っています」と結ばれていた。

それでもアーサー・ウェストの性格についてフィッツジェラルドが推測したことは正しかった。その晩、ウェストは家に帰るとこの不運な子どもたちについて妻と相談した。夫婦はファニィを養子とすることにし、他の子どもたちも信頼できる家庭に預けるよう手配しようと決めた。こうしてファニィ・フィッツジェラルドはクェーカーの暮らしをすることになり、それから二〇年間、クェーカーとともに生活し、そのやり方を習い、社会に痛めつけられた人びとをかれらの立場にたって支援した。

ところがファニィの難儀はこれで終わりではなかった。養父は奴隷制に対して勇敢に戦う戦士として有名だったが、かれ個人にとってはその緊張が健康に大きな負担を強いていた。ファニィがまだ一〇代の頃、発作を起こしたのである。妻と継娘のお荷物となって生きることができずに、アーサー・ウェストは自らの命を断った。ミシェル・ギネスは次のように書いている。

二九歳になる頃には、辛い仕事とつつましい生活から、ファニィは大きな犠牲を払っていた。本来なら輝いていたはずの精神の力も、ぱっとしない顔色と沈んだ表情の蔭に隠されていた。必要に迫られたことでファニィは有能で物知りになったが、老けてみえるようになった。ただし、冷淡だったり苛酷だったりすることはなかった。その燃えるような情熱や人生への熱い関心をまったく埋めこんでしまうには、アイルランド人の血が濃すぎた。口を開くとその暖かさや快活な調子がいきなりあふれ出て、周囲の注目を集める。ファニィが参加するようになっていたクェーカーやダンカー派の小規模な茶会は往々にして退屈なものであったが、そこに参加した老婦人の一人が漏らした言葉が残されている。

「あのねえ、ファニィ・フィッツジェラルドが部屋に入ってくるとたちまち氷が溶けてしまうのよ。ほんとうなの。あの人がどんな風だか、見てみないとわからないわよ。みんながおしゃべりしだすし、こちこちだった人も肩の力が抜けるの」

ファニィが結局イルフラコウムにおちつくことになったのは、彼女自身も休息を求めていたものの、何度か計画したパリへの旅行が挫折したためだった。そこでは有名なヘンリー・グラッタン・ギネスがアメリカ・ツアーの疲れを癒していた。ファニィが出席したある礼拝でヘンリー・グラッタンが説教した。二人はたがいに紹介され、そして三ヶ月後の一八六〇年一〇月二日、結婚した。後にヘンリー・グラッタンは書いている。

「自分の魂と共鳴する心と魂を備えた女性に生まれて初めて出会ったと私は感じた。その女性と一緒にいるともう孤独は感じなかった」

ヘンリー・グラッタンとファニィの間の愛が尋常のものではなかったことは幸いだった。結婚後の数十年間は混迷と対立の連続だったからだ。ヘンリー・グラッタンはプリマス同胞教会に加わるが、このことは信仰に関しては無党派だった立場からの逸脱だと、それまでの支持者には見えた。かれはまた非暴力も説いたが、アメリカで南北戦争がちょうど始まった折りでもあり、そのことでヘンリー・グラッタンは除け者にされた。とりわけ奴隷制反対を奉じていた英国人たちから嫌われたのは、かれらにとってはその大義は血を流すに値するものだったからだ。さらにヘンリー・グラッタンはアルコール禁止の主張も積極的に支持した。一方でその当時ウィスキーとビールは水のように消費されていたし、アイルランドではその片方または両方を生産することで生計を立てている人びとが多数に上っていた。

ギネスの影響をうけた変革者

それでもギネス夫妻は説教をやめず、世界中を周りながら、チャンスがあれば若い指導者たちの相談相手となった。二人が影響を与えた人びとの中には当時最も大きな果実を実らせたキリスト教徒が何人も数えられた。その一人にドクター・トマス・バーナードーがいる。ギネス夫妻はバーナードーがダブリン、メリオン・ホールのプリマス同胞教会の教会堂で日曜学校の教師をしている時に初めて出会った。バーナードーは短躯、痩せぎすで眼鏡をかけ、外見も性格も「まるで猿のような」人物だった。一方でかれはまた神のために世の中を変えたいと願ってもいて、ヘンリー・グラッタンと親しくなったのもそのためだった。ヘンリー・グラッタンはこの少年を愛し、指導して、キリスト教徒としての生活の土台を据えた。バーナードーは中国での伝道の仕事にむかうのが自分の宿命と信じるようになったが、友人たちの説得が功を奏し、結局ロンドン病院で医学を修めることにした。キリスト教の慈善事業の歴史の上でもこれは最

ヘンリー・グラッタン・ギネスとファニィ（1861 年）

も幸運な決断の一つに数えられる。
研究のかたわら、バーナードーはロンドンはイースト・エンドにあったプリマス同胞教会の教会堂の一つで、福音伝道活動と全面的な社会奉仕活動にたずさわった。ここでの仕事を通じて、バーナードーはヴィクトリア朝のスラムの恐るべき実態にさらされる。デレク・ウィルソンの描写は圧倒的だ。

目の前にくり広げられている人間的尊厳を踏みにじる貧困の様は、バーナードーがまったく思いもよらないものだった。男たちは悲惨な境遇から逃れようと酒に溺れる。女たちは家族を食べさせるため、売春するしかない。病と飢餓から、街頭で死んでゆく人びと。そして銅貨をせがむ子どもたちの顔は栄養失調で歪んでいる。その健康は暴力や手仕事ですでに損われている。

心優しき医師も後に「ぼさぼさの頭をした小僧たちが裸足で水たまりを駆けぬけ、帽子もかぶらぬ少女たちはショールを体にまきつけて、玄関の框《かまち》にぐったりと寄りかかっていた」と回想している。その状況はバーナードーには見すごせるものではなく、ロンドン病院の学生という身分にもかかわらず、かれはイースト・エンドのあるロバ用の厩舎を借りて「寺子屋」を始めることにした。街頭の子どもたちの一部なりとも収容し、形だけでも教育をほどこそうというのだった。こうした孤児たちの世話をしている中で、バーナードーはジム・ジャーヴィスと出会う。

この男の子はバーナードーの物語では有名である。ヴィクトリア朝の貧しい子どもたちにまつわりついていた疾病がどれほどのものであるか、この医師が理解するにいたるのは、この少年を通じてであるからだ。その著書『昼と夜』の中で、バーナードーは少年との最初の出会いを描いている。ロンドンで一文無しの子どもたちの、ふだん眼には映らない悲惨な状態をバーナードーが把握するには、この少年が案内役となった。


ある晩、いつものように私たちは〈寺子屋〉の生徒たちに授業を行い、子どもたちは九時半頃にはそれぞれの家へと散っていった。小さな男の子が一人、その晩とりわけ熱心に耳を傾けていたのに気がついていたが、この子は最後まで残っていて、学校を出る足取りも重そうだった。

「さあさあ、そろそろ帰った方がいいんじゃないか。もう遅いよ。お母さんが迎えにくるだろうに」

「おねがいです、ここにいちゃだめですか。泊まらせてもらいたいんですけど。いたずらしませんから」

「なんでこんなに遅いのか、お母さんが心配するんじゃないかい」

「母さんなんていません」

「お母さんがいないのかい。家はどこだね」

「どこにもありません」

「じゃあ、ゆうべはどこで寝たんだね」

「ホワイトチャペルです。ヘイマーケットにならんでる荷馬車です。干し草をいっぱいに積んであるやつ。そこで会ったやつにここで学校があるから行ってみろと言われたんです。ひょっとすると一晩中、火のあるところに寝かせてもらえるかもしれない、って」


市内の路上で寝ている子どもたちはたくさんいるというリトル・ジム・ジャーヴィスの説明に医師は眼を丸くした。そして少年はそれがほんとうであることを見せましょうと医師に申し出た。それから数週間、毎晩毎晩、少年に連れられて医師はロンドンの孤児たちが暮らしているところを訪ねあるいた。子どもたちが寝ているのは樽の中であり、屋根の上であり、屋台の下であった。要するに風と雨をしのぎ、大人の犯罪者たちから身を守れるならばどんなところでもよかった。犯罪者たちが不正な目的のために子どもたちをさらってゆくことは日常茶飯事だった。

ロンドンの路上に追いだされた子どもたちの汚れて苦痛にゆがんだ顔に、バーナードーは天職を見出した。この天命に応えるため、かれはまず上流社会にその大義を訴えた。人を動かす雄弁の才をもって、バーナードーはエリート層を行動に駆りたてた。福音派の信徒だったシャフツベリ卿と、銀行家として著名だったロバート・バークレィの支持を獲得したバーナードーは、この二人の資金援助と富裕層への影響力のおかげで、一八七〇年、ステップニーに孤児院を開設することにこぎつけた。続いてかれは多数の孤児院を開設してゆく。たいていはパブやミュージック・ホールを買い取り、孤児院に改装した。バーナードーの仕事はイングランド全土の人びとの心を捕えた。とりわけ子どもたち一人ひとりの写真をとりはじめると、注目が集まった。孤児院に着いた当初の瘠せ衰えて病気にかかった状態の姿と、数ヶ月後、健康で幸せな状態の姿を撮影するのである。自分の仕事の効果を宣伝するとともに、孤児院の資金源にするため、バーナードーはこの「収容前収容後《ビフォアー・アフター》」の写真を絵葉書にして販売した。世間は熱狂的な反応を見せ、それからの数年間で事業は劇的に拡大した。

一八七八年までに、バーナードーはロンドンだけで五〇の孤児院を開設していた。かれはまた孤児たちのための村ともいうべきものも始めていた。バーナードーと妻のシリーがエセックス州バーキンサイドに結婚祝いとして家を贈られて、この構想は現実味を帯びた。バーナードーはこの家と周辺六六エーカーを子どもたちのための村に変え、この村はこんにちもバーナードー財団の本部となっている。一九〇六年、バーナードーが死んだ翌年、ここに散在する六六棟の住宅に一三〇〇人の少女が暮らしていた。

バーナードーはまた英国で一文無しとなった子どもたちをアメリカとカナダの愛情深い家庭に送る計画も立案した。この計画は空前の成功を収める。一八八二年から一九〇一年の間に、バーナードーの計画は八〇四六人の子どもたちをカナダに送った。これはバーナードーの海外での家庭がカナダ全人口の一パーセントの三分の一を占めたことを意味する。一九〇五年、バーナードーが死んだ時、一三二の施設に暮らす子どもたちは八〇〇〇人以上、さらに四〇〇〇人以上が養子として引き取られ、約一万八〇〇〇人がカナダとオーストラリアの家庭に幸せに引き取られていた。

中国伝道とギネスのつながり

トマス・バーナードーが神のためにかくも巨大な成果をあげたこと、それもギネスの精神的指導と激励、そして資金援助によることはあまり知られていない。これよりも広く知られているのは、中国への伝道として大きな業績をあげたJ・ハドソン・テイラーがギネス一族に与えた影響である。というのも、ハドソン・テイラーのおかげでギネス家の人びとは海外での聖職に熱心になっただけでなく、結婚によってギネス家の物語に加わることになるからだ。

ハドソン・テイラーは一七歳の時、父親の書斎で読む本をさがしていて回心する。「それは終わっている」という題の小冊子がたまたま眼についたのだ。何が終わっているのか、これは読まねばならないと感じる。この小冊子を読み、その答えの一部を自分なりに探しもとめるうちに、本人の言葉を借りれば、「キリストが救い主となられた」のだった。数ヶ月後の一八四九年一二月二日、ハドソン・テイラーがしばし独りで祈っていた時、中国の案件が心に浮かんだ。四歳の折り、両親にむかって「おとなになったら宣教師になって中国に行くんだ」と宣言したことが思いだされた。幼い頃のこの話と、大きくなってからの祈りの中で受けとったものが一緒になって、天職として定まり、ハドソン・テイラーは中国の人びとに福音を伝えるための準備を始めた。

準備にあたってハドソン・テイラーは骨身を惜しまなかった。まず裸の木の上に寝て、食事をごくわずかな量に絞ることからはじめた。なにごとにも貧しさが影をおとしている、騒々しい郊外に引越し、そこで神と民への奉仕を始め、生活と仕事を続けるのに必要な金については神を信頼することを学んだ。体は鍛えられ、信仰は深まり、中国で何をどうするか、より明確になった。中国伝道協会（CES）に連絡をとり、協会の斡旋でハドソン・テイラーはイースト・エンドのロンドン病院で医師として訓練を受けることになった。ところが中国では福音の影響力が爆発的に大きくなっていて、その成功の知らせがロンドンに届くとCESの指導部もハドソン・テイラーも、勉学からはすぐに離れて中国に出航する方が良いとの結論に達した。

はじめのうちは面倒ばかりで収穫はわずかだった。内戦による荒廃や反西欧派の妨害、西欧からの他の伝道団の無情さ、さらには食人族の脅威すらあったが、ハドソン・テイラーはこうした困難に耐えた。ここでも信仰を柱に据えることと、成果がほとんど無いようにみえる時でも信仰に誠実に説教を続けることを学んだ。

一八六五年、休暇で帰国したハドソン・テイラーは六月二五日、ブライトンの浜辺を歩いていて、与えられた現場を離れるわけにはいかない、中国こそは我が人生なり、と決意を新たにした。中国内陸部伝道団を創設し、団員として二四人の宣教師を連れてもどれますようにと神に祈りはじめた。また自由に伝道の仕事ができるだけの資金にも恵まれるよう祈った。その恵みを期待して、数ポンドで銀行口座を開いた。あとはひたすら、祈り、待ちつづけた。奇蹟と言うべきか、ヴィクトリア朝の説教師として著名だったチャールズ・スパージョンがハドソン・テイラーの発言を耳にし、その大志を讃えた。まもなくハドソン・テイラーは必要としていた二四人の宣教師とともに、一万三〇〇〇ポンドを手に入れた。

ハドソン・テイラーが中国で過ごした歳月は宣教師ならばほとんどが知っている妨害と絶望の連続だった。子どもたちは死に、襲撃は減ったかと思うとまた増え、そして健康を保つことはそれだけでも常に一苦労だった。にもかかわらず、中国での五一年の間にJ・ハドソン・テイラーとその中国内陸部伝道団は二〇ヶ所の伝道本部を確立し、一〇〇〇名近い宣教師を派遣し、約七〇〇名の中国人作業員を訓練し、四〇〇万ドル以上の資金を集め、そして一二万五〇〇〇人の中国人信徒を擁する盛んな教会を残した。こんにちの読者が映画『炎のランナー』の中でエリック・リデルが中国での伝道に熱意を燃やすと

ハドソン・テイラー

ころを見る時、J・ハドソン・テイラーの業績を思いおこしてほしい。こんにちの中国のキリスト教会がキリスト教集団としては世界で最も成長率が高いことをニュースで知る時には、J・ハドソン・テイラーのことを思いだしてほしい。中国人牧師が何人かアメリカを訪問し、「西欧の非キリスト教地域」で説教していることをアメリカのキリスト教徒が知らされる時、まだ羽根も生えそろわない中国の教会に自らの伝道の熱意を最初に植えつけたのはJ・ハドソン・テイラーだったことを思いおこしてほしい。

ヘンリー・グラッタン・ギネスがハドソン・テイラーに初めて出会ったのはリヴァプールでのある会合の折りで、テイラーの謙虚な態度と熱意の高さに感服したヘンリー・グラッタンは、自宅での集まりで話をしてくれるよう宣教師に求めた。ヘンリー・グラッタンはハドソン・テイラーの外見にも打たれたにちがいない。というのも宣教師は福音を説くために文化的障壁をつき崩そうとして中国人苦力《クーリー》の恰好をしていたからだ。当時、ハドソン・テイラーが弁髪に絹の短パンとシャツという姿でいるのは珍しいことではなかった。これによってかれは多数の中国人を入信させたが、一方でこれに憤慨する故国の同胞も多かった。神に奉仕するためここまで徹底していることで、ヘンリー・グラッタンはハドソン・テイラーに親しみを覚え、二人は親友となった。

それだけではない。国際的な名声をかち得ていたにもかかわらず、ヘンリー・グラッタンはハドソン・テイラーの話を聞いて、たちどころに自ら中国での伝道に加わろうと申し出た。トマス・バーナードーがハドソン・テイラーの影響で何としても生涯を中国での伝道に捧げようとしたの

ハドソン・テイラーとその家族

も同じ頃である。しかしハドソン・テイラーは賢明な人物で、キリスト教徒たる者は各々に誰にも代われない独自の天命がくだされていることを知っていた。そしてギネス尊師に、あなたは自分で現場に行くよりも、イングランドで若い宣教師の訓練にあたるべきだ、と説いたのだ。

ヘンリー・グラッタンとファニィのギネス夫妻にとって、これが人生の転機になった。キリスト教の宗派のほとんどが、自派の聖職者を教育する機関を設けているものの、ハドソン・テイラーと中国内陸部伝道団が必要とするような特定の宗派に属さない宣教師を育てるところは無いことに、夫妻はすでに気がついてはいた。それでも自分たちがその難題を解決できるとは考えていなかったのを、ハドソン・テイラーが変えたのである。祈りと議論を何度も重ねた末、ギネス夫妻はロンドンのイースト・エンドの家に転居し、この家で訓練所を開き、ステップニー学院と名づけた。学院があるところは煤煙《ばいえん》をはきだす工場群とぼろぼろの借家が集まる地域の真只中だった。中国を対象にして訓練を受けようというほどの宣教師志望者ならば、こういう場所での暮らし方を身につけなければならない。訓練生たちは屋外で説教し、訓練の一部として失業対策事業に自らたずさわることを求められた。他にチャンスはいくらでもある若者にとって魅力的な就職先とは思えないと言われるかもしれない。しかし学院は入学志望者が列をなし、ついには拡張せざるをえなくなって新たな施設に移った。この施設がボウ・ストリートのハーレー・ハウスで、移転とともに学院はイースト・ロンドン内外宣教師学院として知られるようになる。

歴史上の偉大な冒険事業のご多分に漏れず、タイミングもまたどんぴしゃだった。ドワイト・ムーディとアイラ・サンキーが二度めのイングランド・ツアーを行っていて、ウェスレーとホワイトフィールドの時代以来、宗教熱がこれほど高くなったことはなかった。ムーディとサンキーのこの二度目のツアーでもギネス夫妻がホスト役を務めた。ヘンリー・グラッタンが聖職者となった当初の頃のように、何千もの人びとが改宗し、教会は溢れ、キリスト教の奉仕活動に人生を捧げる人間が多数にのぼった。それによってまたハーレー・ハウスと呼ばれるようになったギネス夫妻の学院を志望する学生たちが引きも切らずに続いた。熱心に霊的なものを求める当時、巨額の寄付金が怒濤のように流れこんだ。伝道師号と名づけられた船が一隻、聖職者を運ぶようにと波止場の乗組員に寄付された。とある裕福な人物はダービーシャの荘館を譲った。この荘館は学院としてだけではなく、隆盛をきわめていたバーナードーの事業拠点となった。それからまもなく、寄付された土地と建物にハーレー・カレッジが設立された。その成功を見て、これを手本としてアメリカにムーディ聖書カレッジが設立された。

バーナードーやギネス夫妻のような人びとが住み、伝道活動をしていることで、汚穢《おわい》に満ちたロンドンのイースト・エンドは、先鋭的な非国教会キリスト教の中心地の一つとして広く知られるようになった。信仰にもとづくこの共同体は「ロンドン・イースト・エンドのキリスト教社会活動の帝国」と呼ばれ、活気あふれるその活動は世界各地にかかげられた他の松明《たいまつ》にも点火していった。ギネス夫妻の家を訪れた人びととしてはエイミー・センプル・マクファーソン、ドワイト・ムーディ、ウィリアム・ブース将軍（救世軍の創設者）、さらにはシャフツベリ卿も数えられる。

それよりも重要なことは訓練を受けたキリスト教の奉仕者たちが、福音を知らない世界各地の国々に派遣されたことである。中国はむろんのこと、アフリカにも多くの人びとが赴いた。デヴィッド・リヴィングストンとヘンリー・スタンリーのタンガニーカ湖をめぐる探検、行方不明になっていたリヴィングストンを探しあてたスタンリーの「リヴィングストン博士とお見うけしますが」という言葉で有名な例の探検のおかげで、アフリカに対してもヴィクトリア朝の伝道熱が湧きおこっていた。二〇世紀の幕が開いた時点で、全世界の一〇〇を超える国々に教会や伝道基地が建てられていたことは、ハーレー・ハウスとカレッジでギネス夫妻が果たした仕事の大きさを示すものだ。同様に新たな人生に歩みだした孤児が何千何万もいたことは、夫妻の友人であるバーナードーの仕事の大きさを示している。

ダーウィン進化論への危惧

かくて人生の晩年を迎える頃、ヘンリー・グラッタン・ギネスは当時最大の説教師の一人に数えられるとともに、キリスト教教育の革新者の一人ともされていた。しかしそれだけではなかった。新世紀が近づくにつれて、ヘンリー・グラッタンを説教師、教育者としてよりも、キリスト教についての碩学《せきがく》の一人、キリスト教の預言について当時最も重要な書き手の一人として崇敬する人間が多くなっていたのだ。この方面においてもヘンリー・グラッタンは深く大きな影響を残すことになる。その影響は、まさに幕を開けようとしていた世界史上最大の危機の上にもおよんでいた。

結局大学は卒業しなかったし、勉学にあまり身を入れると霊的なものへの熱が冷めてしまうのではないかと恐れたこともあったくらいだが、一八八六年、散歩をしている途中でキリスト教の学問的研究に真剣に取り組む決意を固めた時には、ヘンリー・グラッタンはすでに書き手としても注目を集めはじめていた。娘のルーシーは後にその著書『こんな時に』の中でその瞬間を回想している。

ヨークシャーの街でもの淋しい通りを歩いていた時だった。父は足を止めて、ある家の壁に掲げられたばかりの告知を読みはじめた。両手を背中で組み、山高帽をうしろにずらしてポスターを読むうちに、父がだんだん怒りをつのらせていくのがわかった。そこに告知されていたのは近くで予定されている一連の講演で、そこでは不信心者として有名な人物が、キリストの人格と聖書の権威を攻撃することになっていた。

この不信心者というのはチャールズ・ダーウィンで、『種の起源』を刊行したばかりだった。全人口の五〇パーセントは字が読めなかったから、ダーウィンが引き起こす問題からは守られていたが、ヘンリー・グラッタンは社会の残りの人びと、思想家や上流階級がこの男の見解を真実とみなすのではないかと恐れた。計画もない、神の支えもない創造という考えが神はいないという結論を暗黙のうちに含んでいることに、かれはぞっとした。説教の予定を変更し、ダーウィンの主張に反論する根拠となりそうな書物を読みまくった。そして学生たちには、当代これほど陰険な嘘は無いと考えたものにいかに反論するかを教えはじめた。中国にキリスト教の福音を広めるにあたっては迷信と偽りの宗教がその眼をくらませる力と信じたが、イングランドでは疑似科学が福音を圧倒しようとしている、そして教会にはこれに反論する備えがほとんどできていない、と信じたのだ。

聖書の歴史について研究するうちに、ヘンリー・グラッタンは他のテーマにも関心を惹かれるようになった。その一つが聖書の中の預言であり、これにかれは夢中になった。とりわけ心を奪われたのはスイスの天文学者ジャン＝フィリップ・ロワ・ド・シェゾーの著作で、ダニエル書とヨハネ黙示録で預言されている期間の一日を一年として数えれば、その結果は天文学者の間で真実とされている天文周期にぴったり一致すると主張していた。ヘンリー・グラッタンはこの分野の研究にさらにのめりこみ、その考えを『歴史、預言、科学に照らして近づく最後の審判』として世に問い、この本はベストセラーとなった。天文学についての六〇〇頁の補遺がついたこの著書は人びとに感銘を与え、一四版を重ねるとともに、ヘンリー・グラッタンはこれによって神学博士号を与えられ、王立天文学会会員に推挙された。

ただでさえ忙しいなかで、ヘンリー・グラッタンは二〇冊以上の著書を著した。中でも一八八六年に出版された『世の終わりの光』ほどの反響を巻きおこしたものは他にない。フレデリック・ミュラリィの説明を借りれば、「かれは紀元前六〇四年をさして『（ユダヤ教徒からみた）異教徒の時代』が始まった年とした。この年代と紀元六二二年のイスラム暦の開始年から計算して、ヘンリー・グラッタンは『この結果、一九一七年が最終的な危機の年となることは疑いなく、（中略）イスラエルに関してひじょうに重要な年となることは明らかである』」と予言したのだ。

もちろん一九一七年は英軍指揮官サー・エドマンド・アレンビィがエルサレムを陥落させ、四〇〇年にわたるオスマン帝国の支配を終わらせた年である。そのわずか数ヶ月前、アレンビィはロンドンのグローヴナー・ホテルで、英陸軍少将サー・ヘンリー・ド・ボーボワール・ド・ライルから総司令官昇進を祝う電話を受けた。話の中でド・ライルはたまたま口にした。

「いずれにしても、一二月三一日までに閣下はエルサレムに入っておられますからね」

驚いたアレンビィは聞きかえした。

「どうしてそんなことがわかるのかね」

そこでド・ライルはドクター・ヘンリー・グラッタン・ギネスが『世の終わりの光』の中でしている予言のことを、新司令官に教えたのだ。

エルサレムはこの年の一二月九日に陥落した。二日後、アレンビィ将軍がエルサレムに入城した。キリスト教徒指揮官がこの街を治めるのは数世紀ぶりだった。アレンビィはすぐれた騎手だったが、年ふりた街の城門を通る時、馬から降りた。イエス・キリストに遠慮してのことで、この街に馬に乗ったまま入る資格のある支配者は唯一イエス・キリストだけだと将軍は信じていた。ヘンリー・グラッタン・ギネス尊師の予言が将軍の念頭にあったことは明らかだ。

一九一七年についてのヘンリー・グラッタン・ギネスの予言がいかに俊敏なものであったにしても、イスラエル建設についての文章はさらに驚くべきものだ。一九四八年にユダヤ人がその発祥の地に再び国家をたてることがあろうなどとは、当時ほとんど誰も予想していなかった。ユダヤ人をパレスティナにもどすことはイングランドにとってベストの政策だったと考える人びとが少数ながらいたことは確かだ（中でもシャフツベリ卿はそのことを誰よりも公言してはばからない人間の一人だった）。しかし、当時の圧倒的多数の人間にとって、そんなことは思いもよらないことだった。ところが実際にこれが起きる六〇年前に書いたものの中で、ヘンリー・グラッタン・ギネスは、一九四八年にイスラエルが再び国家となるという事件を予言している。

エルサレムのトルコからの解放や、さらに後のイスラエル建設に自分の書いたものが果した役割を知ったならば、ヘンリー・グラッタンは喜んだことだろう。しかし、そのことをかれが耳にすることがあったとしても、それはあの世でのことだった。ヘンリー・グラッタンは当時最も尊敬された人間の一人として一九一〇年に死んだ。

その晩年も若い頃と同じく嵐のような日々の連続だった。愛妻のファニィは健康をそこなうことも多かったが、一八九二年発作を起こし、その後体の自由を回復しないまま一八九八年に死んだ。一方ヘンリー・グラッタンはあいかわらず精力的だった。きちんとした身なりできびきびと動き、輝くような白髪が大きな頭を覆ってライオンのたてがみにも見えた。ゆっくり隠居するつもりなどなかったことは明らかだ。やがて二六歳のグレイス・ハーディッチと結婚する。若い頃からの友人の娘で、この新妻を伴って五年間の世界ツアーに出発した。紹介状を携えたヘンリー・グラッタンはイングランドからアメリカを回り、それからアジアでかなりの時間を過ごした。オーストラリアでグレイスとの最初の息子ジョン・クリストファーが生まれ、イングランドにもどってまもなく一九〇八年に二人目の息子ポール・グラッタンが生まれた。この時ヘンリー・グラッタンはすでに七〇代だった。ファニィとの間の子どものうち、三人は夭折し、一人は死産だった。生き残った子どもたち、ハリィ、ジェラルディン、ルーシー、ウィットフィールドは皆当時三〇代から四〇代で、伝道事業に人生を捧げていた。

人間の価値が後に遺した子どもや孫によって測られるならば、ヘンリー・グラッタン・ギネスはまことに価値の大きな生涯を生きた栄誉を与えられるだろう。長男のハリィはベルギー領コンゴで宣教師としてヨーロッパ人による苛酷な搾取に反対した。その努力はついにはベルギー王レオポルドやセオドア・ルーズヴェルト大統領をも動かし、アフリカのこの地域の姿を決定的に変えた。一方娘のルーシーは作家として名を揚げ、意欲的な冒険家だった。敗血症で若くして亡くなるが、父から受け継いだものはルーシーの二人の息子に受け継がれた。長男のヘンリーは医師としてロックフェラー財団の研究員となり、後にアメリカ小児麻痺財団の理事長を務めた。次男のカールはアメリカ聖公会の聖職者として叙任され、アメリカ軍の従軍牧師となった。

ヘンリー・グラッタン・ギネスとグレイス

ヘンリー・グラッタンの長女ジェラルディンはJ・ハドソン・テイラーの息子と結婚し、中国内陸部福音伝道団の事業に生涯を捧げ、ある世代の女性宣教師は誰もがその影響を受けた。中国での事業では弟のドクター・ウィットフィールド・ギネスも姉に加わった。

ジェラルディンの数多い著作は高い評価を受けたが、中でも義父の伝記『ハドソン・テイラーの生涯』はその後大きな成果を生むことになる。この姉弟は何十年にもわたって迫害、戦争、疾病、死にもめげず、中国での福音伝道事業を続けた。

信仰篤い系譜はさらに続く。ヘンリー・グラッタン・ギネスの孫たち、神のギネスの系譜の後の世代は、たとえばキリスト教の聖職者や伝道師兼医師、キリスト教教育者、英空軍の従軍牧師、アジアへの伝道師となっている。信仰は曾孫の世代にも受け継がれ、曾祖父の掲げた松明を今なお掲げている。

＊　＊　＊

とはいうものの、だ。そもそもの始まりはいったいどこにあるのか。アーサー・ギネスの一〇人の子どもたちの一人が、献身的なキリスト教徒の系譜の始祖となり、その信仰でいくつもの国の歴史を変えることになるのは、どうしてなのか。

残念ながら、まったくわからない。ひょっとすると、アーサーの心のどこかに燃えあがったものから生まれたのかもしれない。ウェスレーの説教に耳をかたむけ、アイルランドに日曜学校を始め、カトリックの差別撤廃をめざして戦った時だ。そのいずれかの折りに、かれの魂のどこかで火がついたものがあったのかもしれない。そして、私たちにははっきりとはわかるはずもないなんらかの形で、兵士となった息子の心で炎となり、説教師として広く知られる孫の生涯で大きく燃え上がることになったのかもしれない。とすれば、一世紀後のギネス家の人びともまた、この炎のおかげで、世代を超えて受け継がれてきた松明を受け継いでいるだろうと想像してもおかしくはないだろう。かくてこんにちまでそれは続いているのだ。

ファニィ・ギネスと子どもたち

ここでも私たちが明確に言えることは何も無い。しかし、ギネス家のこの系譜がギネスのどの系譜よりも際立っていることは、ある歴史家がこの系譜の人びとに捧げた賛辞からも明らかだ。

一九世紀も終わりに近づくにつれて、たがいに性格を異にするギネス家の系譜、醸造業者、金融業者、それに福音伝道師の系譜は、地球上ありとあらゆるところで、それぞれの目的を精力的に追求していた。トリプル・

スタウトのギネス・ビール、「西インド・ポーター」はカリブ海をはじめ、大英帝国の遥か果てにある一〇ほどの植民地で白人たちが重荷に耐える助けとなって久しかった。リチャード・シーモアと息子のベンジャミンは金融業者として、まっとうな利益が生まれるところならばどこであろうと、海外の金融機関のネットワークと連絡をとりあい、あるいは個人的関係を保っていた。しかしこのどちらの系譜も、進取の気性に富み、精力的である点で、「グラッタン」・ギネスの系譜の所業にはかなうべくもない。物質面での野心ではなく、聖書には文明化する力があるという、代々受け継がれている深い信仰に駆りたてられていたからだ。

セント・スティーヴンズ・グリーン。
私有だったこの公園は1880年アーサー・エドワード・ギネスが造園しなおし、一般に公開した

第６章

国民的・グローバル企業としての躍進

TWENTIETH-CENTURY GUINNESS

変化を起こすのは誰か？

一九世紀に生まれ、二〇世紀にその人生を終えるはめになった世代は、変化のあまりの速さに自分がどこにいるのかわからなくなった。その感覚を、なにごとにつけてもスピードの速い今の世代が理解するのはむずかしい。具体的に一人の人物の生涯をみれば、多少とも想像がつくかもしれない。

ここではウィンストン・チャーチルをとりあげてみよう。チャーチルは一八七四年に生まれた。ナポレオンと戦った人びとがまだ生きていた。ユリシーズ・S・グラントがアメリカ大統領として二期目を務めており（訳注＝グラントは南北戦争で北軍を勝利に導いた指揮官）、カール・マルクスは大英図書館で『共産党宣言』を書いているところだった。マーク・トウェインはその名を不朽のものとする作品をまだ何ひとつ書いていなかった。電気、ラジオ、テレビ、電話はまだ知られておらず、イエール、プリンストン、コロンビア、ラトガーの諸大学が集まって新しいスポーツの最初のルールを定めたのは、チャーチルの生まれる前の年である。この新しいスポーツは「（アメリカン・）フットボール」と呼ばれた。

九〇年後の一九六五年にチャーチルが死んだ時、人類は地球を周回し、宇宙遊泳を行い、金星表面に探査機を送っていた。自動車の速度はすでに時速六〇〇マイル（約九六六キロ）を超え、性転換手術も成功していた。原子力は成人の年となった。当時のアメリカ大統領はリンドン・ジョンソンで、高齢とみなされていたが、ジョンソンが生まれたのはチャーチルが三四歳の時である。

チャーチルが死んだ年、イングランド女王はビートルズに大英帝国勲章を授けた。チャーチルも同じ勲章をもらったが、その理由はまったく別の時代のまったく別のものだった。

これだけの変化をどうすれば一生のうちに咀嚼《そしゃく》吸収できるだろうか。自分の命綱をどこにつないでおけばよいのか。時の流れとつながっているあの感覚、世界のビートに乗るやり方をどうすれば保てるか。この難題はチャーチルの一生を通じて消えたことはなかったし、その他のことが考えられなくなることもよくあったにちがいない。

「我々が生きぬいてきたような情報と価値の驚くべき革命を体験した世代がこれまでにあっただろうか、と思うことがよくある。幼い頃から、かけがえがなく、永遠に続くと信じこまされたものや制度は、今はほとんど残っていない。絶対にありえないと自分でも思い、またそう教えられたものは一つ残らず現実のものとなった」

チャーチルのこの言葉を読むと、どうしてもギネスのことに思いをめぐらせてしまう。世界的企業として繁栄していたこの会社が、二〇世紀が幕を開けたとたん、いきなり逆巻く変化の激流に巻きこまれた時、それはいったいどんなありさまだったのだろうか。ギネス家の人びとも、その工場で働く労働者たちも、もちろんそんなことが待ちかまえていようとは思いもよらなかったはずである。戦争や飛躍的な技術革新や倫理の革命によって、自分たちの世界全体に疑問符がつきつけられたわけではない。それでも、変化の力をバネにして自らを高め、大胆さを発揮し、そして人を啓発するような勇気と柔軟性をもって、堰を切ったように迫り来る未来に対処するのは、偉大なる生きる智慧の一つと思われる。ギネスはこの智慧の模範となった。その模範は私たちの時代に一つの手本となる。現代では変化のスピードが人間を新たな高みに押し上げるというよりは、私たちを押し潰そうとするようにみえるからだ。

「ゲスト・ビール」戦略で急拡大

すばらしい時代になると思われた新世紀に入って、ギネス社はすべての同業他社に抜きんでて世界最大の醸造会社になっていった。直接雇用は三〇〇〇人以上、間接的にその製品から生計を得ている人びとがさらに一万人いた。二〇世紀初頭のギネス社の成長は最も楽観的な予想をも超えていた。一八八八年、会社は一五八万バレルのビールを生産した。一八九九年、数字は二〇八万バレルに増えた。それだけではない。一九〇九年、生産量は二七七万バレルに達し、戦争の暗雲がヨーロッパを覆いはじめた一九一四年の生産量は三五四万バレルだった。ひとことで言えば、ビールの生産者として人類史上最大の生産量を誇り、最も繁栄していた。

ギネス社の成功はその製品を売るパブとの関係が他に真似できないものであったことが大きい。英国のパブのほとんどは醸造業者が所有していた。この形のパブは「拘束《タイド》」パブと呼ばれ、そのパブを所有する会社が醸造したビールのみを売る。一方ギネスは「ゲスト」ビールで、つまり拘束パブと自由パブのどちらでも売ることができた。自由パブはどこの醸造業者とも提携関係のないパブで、オーナーが売りたいビールを自由に売ることができた。したがってギネス社は自らはパブを所有したり運営したりする負担を負わずにパブ市場全体を相手に商売ができた。それは世のビール飲みたちがギネスをこよなく愛したおかげであり、自分たちは一番得意とすること、つまりビールを造ることに集中し、そこからブレないことを選んだ会社の賢明な判断が実を結んだのだ。

ワールド・トラベラーの派遣

会社がこうして劇的な拡大を続けている時に、エドワード・セシルが率いるギネスの取締役会は、自社の輸出製品の品質と、各地の代理人の自社製品の扱い方に大きな関心を払うようになった。この問題への対処として、電気を使った通信手段がまだ無い時代にあって最良と考えられたのは、海外に人間を派遣し、積み込みから販売までありとあらゆることを世界中で追跡させることだった。こうして「ギネス国際巡察使《ワールド・トラベラー》」の時代が始まった。一八九〇年代初めから、第一次世界大戦によってこうした巡察ができなくなるまで、ギネス社は信頼できる人間を自社のビールが販売されているあらゆる地域に派遣し、その手順や販売の改善に役立ちそうなことを詳細に報告させた。この役割を担った人間のうち伝説となった存在が二人いる。一人はJ・C・ヘインズ。自身も醸造業にたずさわっていた人物で、ヨーロッパ、中東、オーストラリア担当。もう一人のT・シャンドはアメリカ、カナダ、ラテン・アメリカ、南アフリカを回り、オーストラリアでヘインズを助けた。

奇妙な生活ではあった。二人は何ヶ月も、時には丸々一年の間、故郷から遠く離れたまま過ごした。ごく細かいことまで記録する習慣をもち、どこまでも会社に忠実な人間である必要がある一方、何週間も一人旅を続けられる人間でなければならなかった。その任務はギネスの輸送、気候による影響、世界各地の店やパブでの販売についてありとあらゆることを記録することだった。さらに、瓶詰め、ラベル、マーケティング、そしてもちろん現地醸造の点で改善できることも記録した。取締役会は二人に、旅先で入手したギネスの壜《びん》を本国に送ることも求めた。海外の代理店がギネス製品をどう扱っているか、現物で確認するためだ。

ヘインズとシャンドの日記や報告を読むと、一九世紀から二〇世紀への代わり目のビール産業とそれを取り巻く世界を覗くことができる。たとえば、「ビール破裂」の詳細な報告が残っている。輸送中にビール壜が破裂するのはありふれたことだった。ラクダにくくりつけられてゆったりと進むギネスのほとんど詩的といっていい描写や、スタウトを飲むターバンをつけたアラブ人の生き生きとした記述もある。どのページからも、この二人が仕事に対して厳しいプロ意識を持っていたことと、その遂行に際して細心の注意を注いでいたことが、匂いたってくる。二人の観察と論評をまぬがれるものは何も無かった。たとえばオーストラリアからのヘインズの報告の一節を読めば、そのことは誰の眼にも明らかだ。

大きな破裂は無く、時おり一、二本割れるだけである。この少数の割れは間に詰める藁の量が十分ではないままに詰め込みすぎたためである。小生の経験からして、藁で包むのが包装の形としては最良であり、また箱は「跳ね」られるように積まねばならない。箱が隙間なくぴったりと動けないように積まれていると、必ず突然の振動で角や隅の壜が一、二本割れる。中身が漏れだすと濡れた藁の中で醱酵が始まり、これが熱を生んで事態はさらに悪化する。

巡察使たちの書いたものからは、当時ギネスで働く人びとに共通する仕事と手練の技へ身も心も捧げる態度が現れる。かれらは熟練した技に誇りを持ち、任された領域を神から託されたもののように感じていた。醸造に関する過程のおそろしく細かいことを話題にする時も、まるでそれが生死を分ける欠くべからざる一大事であるかのように語る。その文章を読むのは心励まされる体験だ。ヘインズもシャンドも、堂々たるヴィクトリア朝の人間で、その仕事を単なる収入のもととは見なかったし、人生にはもっと大事なことがあるとも考えなかった。むしろ反対に二人は、仕事をおのれの人格の延長であり、自分がどのような類の人間であるかがそこに明白に表れると考えた。男は仕事を通じて自分が何者が示し、努力の末に獲得したものを持つ資格がなぜ自分にあるかを世に証明するのだ。それは私たちとはまったく異なる別の時代であり、仕事にまつわる価値観もまったくの別物だ。とはいえ、この二人の書いたものを読むのは爽快だ。時には故郷とは地球の反対側にいて、ラベルや壜のデザインや看板の角度といったこれ以上ないほど細かいことに注意をはらう。それも健全な自尊心とこの世で任された立場を大事にするからなのだ。

この時期、ギネスは常識はずれの場所にまで届けられていた。一九三三年のある南極探検隊が一九二九年の先達の探検隊の基地に再び到達した際、隊員の一人が示すには放棄された基地の「棚の上にギネスが四本あった。凍りついてはいたものの、味は秀逸だった」。有名な英国人探検家ラルフ・パタースン・コボルドは中央アジアのパミール高原内のヒンドゥー・クシュ山脈でギネスが売られているのを発見している。その著書『アジア内陸最深部パミールの旅と娯楽』でコボルドは書いている。

「前に見かけていたワインと飲み物の店に注意を転じると、嬉しいことに帝国製スタウトのパイント壜にギネスの魔法のハープの紋章がしるされているのが見えた。価格は高かった。一本八シリングである。しかし、これがその生まれ故郷から旅してきた距離を思えば、法外とも思えない。スタウトは実に旨かった」

さらなるグローバル戦略

当時の楽観主義と成功の自信に支えられて、ギネス社はさらに大きく成長する準備を始めた。セント・ジェイムズ・ゲイトを休みなく拡張する資金を用意し、また製品を重要な港に運ぶための蒸気船の一大船団を買い入れることを決めた。一九一三年、W・M・バークリー号が建造され、キャロウドア号が購入された。一年後の一九一四年、クレアアイランド号とクレアキャッスル号の建造が開始され、一九一五年には就航するものと期待された。同じ頃、エドワード・

セシルはマンチェスター運河沿いの一〇〇エーカーの土地を購入した。ここに大規模な第二の醸造所を造る計画だった。ここではセント・ジェイムズ・ゲイトが一九一二年に醸造した量の四倍の生産量が見込まれていた。この壮大な計画は有望な新世紀への期待にふさわしく、ギネス社が記録破りの爆発的な成長をすれば先見の明とたたえられるものになったろう。

しかし当時の計画や期待の大部分と同じく、これらの目標が達成されることはほとんどなかった。戦争は容赦なく立ちふさがった。その凶暴さは誰にも想像もつかなかった。一九一四年秋、後に詩人たちが「八月の大砲」と呼んだものが死を撒きちらしはじめ、四年後に砲声が止むまでに一〇〇〇万以上の男たちが死に、その二倍以上の数の男たちが負傷していた。それはヨーロッパの男性がまるまる一世代分消えたことを意味した。同時にその後数十年にわたって伝統、希望、信仰が失われていく悲劇でもあった。戦争が終わった時、解決されたことはほとんど無く、一方で幕を閉じようとしていた一つの時代の愚行の数々を、「ロスト・ジェネレーション」として知られるようになる人びとの心に刻みつけた。

兵士を癒した黒ビール

危機に際して表面化したのは、ギネス社の会社としての価値観だった。驚くほどの気前の良さを見せて、会社は軍隊に入った者は例外なく仕事への復帰を約束し、出征している間は給与の半額を支給した。これで後に残された妻子は経済的に苦しむことはなくなったし、戦地に赴いた男たちは後顧《こうこ》の憂いに心をわずらわせることなく、戦うことに集中できた。

すぐに約一〇〇人がセント・アンドリューズ野戦病院旅団セント・ジェイムズ・ゲイト分遣隊に志願し、ひき続いて五〇〇人以上が従軍した。これで醸造所の労働力全体の二〇パーセント近くが失われたことになる。将来的にはさらに減ることが予想された。戦争前の数年間、会社は未曾有の成長をとげていたが、戦争が始まってからの二年間、売上は一〇パーセント落ちた。一九一七年には売上は戦前の半分になった。生産への難問が次から次へと襲った。原材料は入手が難しくなり、大麦価格は急騰した。戦争に必要なため、大麦の畑が小麦畑に転換されたからである。この時期は今からふりかえってもぞっとする。戦争と、そして国内ではギネス社の衰退のためだ。取締役会は、この難局のために、会社は二〇年前の水準に逆戻りするのではないかと恐れた。

それでもギネス精神《スピリット》が衰えることは無かった。何よりこれを明らかに示すのは戦時中のある悲劇の生き残りの話だ。一九一七年、ギネス社の持船で最初に軍事徴用されていたW・M・バークリー号がキッシュ灯台船沖でドイツのUボートの魚雷を受けた。船は沈没し、乗組員のほとんどが失われたが、生き残った人びとが語った話はギネス伝説の一つとして伝えられた。乗組員のトマス・マグルーの回想。

救命ボートに乗ったおれたちは引きずりこまれないように漕いでバークリー号から離れた。その時、艫の先にUボートが浮かんでいるのが見えた。はじめ石炭運送船かと思った。

それほどでっかく見えたんだ。司令塔にドイツ人が九人いて、全員が双眼鏡でおれたちを見下ろしていた。おれたちは艦長に大声で呼びかけて、乗せてくれと頼んだ。艦長はおれたちを脇に呼びよせて、おれたちの船の船名、運んでいた貨物、船主の名前と登録地、それに目的地をたずねた。艦長の英語はおれたちよりうまかったよ。（中略）おれたちに行っていいと言った。（中略）それから海岸の明りをさして、あっちへ舵をとれと言った。潜水艦はすべるように離れていって、おれたちはとり残された。まわりには一面スタウトの大樽がぷかぷか浮いていた。バークリー号はばらばらになって、えらく静かに沈んだんだ。

おれたちはキッシュまで漕いでいこうとした。けれど、アメリカまでずっと漕いでった方がましなくらいだった。それで錨を投げてから、一晩中わめきつづけた。（中略）ようやく黒い影が近づいてくるのが見えた。それはドネット・ヘッド号で、ダブリンにむかう石炭運送船だった。おれたちは船に引き上げられて、救命ボートは脇につながれた。ダブリンに着いたのは午前五時で、役人が一人、城壁の突端にある税関までおれたちを連れていった。そこには大きな焚火が燃えていた。これは助かったよ。なにせ、全身ずぶ濡れだったし、おれは一晩ワイシャツだけで過ごしてたからな。ただ、そこに三時間もほうっておかれたのにはまいった。そこへ男が一人やってきて、「あんたら、外国人か」と訊いたからおれは「そうだよ、おれたちはダブリン生まれの外国人だ」と答えた。そしたらやっこさんはそれ以上訊く気をなくしたみたいだった。それでおれたちはそこから出て、救命ボートにまた乗って税関桟橋まで漕いでいった。ギネスの管理職がブランディのボトルと乾いた服を出してくれたよ。

この話はギネスの人びとが世代を超えて伝えてゆき、戦時中の暗い時期を通じて人びとの士気を高めた。この士気を高めるということは大事だった。ギネス社を襲った相次ぐ打撃は、際限がないようにみえたからだ。そうした打撃の中にはロンドンの政府によるものもあった。戦時中英国議会はビールに課する税金を増やした上、ばかばかしいことに、ビールの比重を減らすこと、すなわちアルコールの比率を下げることを義務と定めた。その結果は消費者にとってはビールの魅力がなくなり、また腐敗しやすくなっただけだった。議会も歩調を合わせ、午後一一時にはパブを閉店しなければならないことも定めた。これによってギネス社の売上はさらに減った。こうしたことが重なって、戦時中はギネス社の全歴史を通じて最悪の時期となった。

戦争が終わった時、英国の戦死者は総計七〇万を超え、一六〇万以上の負傷者が復員して仕事を探し、いくらかでも平時の感覚をとりもどそうとしていた。この要求に応えるのは難しかった。アイルランドでくり広げられようとしていた事態を考えるとなおさらである。

アイルランドの独立と二分される国家

ギネスの故郷はちょうど、独立の生みの苦しみを味わっている最中だった。アイルランドにはもう何世代も前からホーム・ルールすなわち自治を主張する人びとがいた。このことで全土に緊張がみなぎっていた。連合王国内で一定の制限のある自治を受け入れるか、それとも完全な自治を求めるべきか、意見が一致しなかったからだ。冷静な頭の持ち主たちは王国内での自治を求めた。シン・フェインのようなより先鋭的なグループはイングランドから完全分離した、対等の国家以外認めなかった。英国議会はようやく第三次アイルランド自治法案を通過させたが、そこには北のアルスターのプロテスタント地域と、南のダブリンを中心としたよりローマ・カトリック寄りの州の連合体にアイルランドを分割する措置が含まれていた。この措置の実行は第一次世界大戦勃発で中断され、すべての施策は延期された。

それでもアイルランド独立の夢は生きつづけた。一九一六年、比較的少数の革命家たちが後にイースター蜂起として知られることになるものを起こした。蜂起は一週間続かず、ダブリン市外に拡がることはついになかった。全国的な支持を得られなかったからだ。ところが叛乱の指導者たちを処刑するという無神経な判断を英国がくだしたために、蜂起そのものでは達成できなかったことが達成された。アイルランド全土に英国政府に対する怨念がわきたったのだ。それから数年暴力が荒れくるった。全土で爆破や暗殺などの不幸な事件があいついだ。ついには一九一九年、アイルランドは独立を宣言し、それによってイングランドとの間にさらに流血が繰り返された。一九二二年になってようやく英国とアイルランドの交渉によりアイルランド自由国が自治領、すなわちオーストラリアやカナダと同等の、大英帝国内自治領《ドミニオン》となることが合意された。アイルランド三二州のうち、六州はノーザン・アイルランドとして分離し、連合王国の一部に留まった。

二五年後の一九四九年になって南部二六州はアイルランド共和国を造り、英連邦から完全に離脱した。

工場にうずまく宗教対立

こうした社会の大変動にギネスは苦しんだ。アイルランドの住民全体とまったく同じように、会社も一族も苦しんだ。ギネスの一族は政治問題をめぐって分裂し、全員が集まる晩餐の席で熱い議論を戦わせた。議会でもやりあった。醸造場では労働者の間で殴り合いが起き、論争のせいで、ゆっくり食事もとれず、仕事の後の一杯をともにすることも減った。会社や従業員にとってさらに脅威だったのは、醸造所の中にまで爆発音が聞こえ、大きな煙の塊が入ってくることで、働いている人びとは不安な様子で仕事が手につかなくなった。

それでもなおこの時期にあって、ギネスの人びとといえば良きものの代名詞だった。尊敬の的だったドクター・ラムスデンは誰からも慕われていた。戦闘の最中に負傷者の間をとびまわるかと思えば、ギネスの工場で即席の講習会を開いて救急隊員を養成していた。ギネス一族に属する人びとはたがいに意見は合わなくても、すべての党派に対して節度をわきまえ、人間性を尊重するよう促し、派閥争いを超えてアイルランド全体のことをまず考える手本となっていた。一族はまた洗練と品格をそなえたイメージを保っていて、それを見ると誰もがより良い時代がまた来ると信じられるのだった。この時期、紛争が悲惨をきわめた時でも、ギネスの会長はその壮麗な持船ファントム号に醸造所の職員たちを招待し、遊覧するのを常としていた。これに招待された客の一人がある日曜の朝、リフィー川を下る旅を回想している。

「会長はデッキ・チェアに腰をすえ、飲み物をすすめていた。(中略)沿岸の建物の間で叫び声が起こり、たがいに撃ち合うのが見えた。撃ち合いの現場からは四〇〇ヤード(約三六五メートル)となかったから生命身体にはたいへんな危険だったが、船の上の様子には何の影響も与えなかった」

高価な遊覧船に乗っていれば街頭での戦闘にも高みの見物を決めこむのは簡単だった。しかし避けることのできない大戦後の経済的混乱から超然としているわけにはいかなかった。大戦前に会社は劇的な成長を遂げたかと思うと、一九一四年から一九一八年までの暗黒の時代に生産量はほとんど半減した。それでも一九二〇年には回復も近いと思われた。この年ギネスの売上は戦前のレベルにもどり、一九二一年には一〇パーセントの増加をみたからだ。しかし一九二二年、売上は再び落ちはじめ、今度は回復するのにかなりの時間がかかることになる。それにはいくつもの要因が重なった。ビールのアルコール比率を低く定めた戦時中の政府の命令で、ビールそのものの魅力が減った。加えてアイルランド政府は戦時中に連合王国がビールに課したのと同額の税金を維持した。さらに追い討ちをかけたのが禁酒法の出現で、アメリカでの市場がそっくり失われた。ここで少々寄り道をして、この時期のアメリカの歴史を確認しておこう。その方が当時ギネス社が直面した課題がどんなものだったか、より深く理解できるし、こんにちまでアメリカで続いているビールとアルコールに対する様々な態度もよりよく把握できるからだ。

アメリカの禁酒法がもたらした弊害

アメリカ国内でアルコールを禁止しようという動きは古くからあり、その理由はわかりやすい。植民地時代のごく初期から、アルコールは生活のほとんどありとあらゆる場面で大きな役割を演じていた。商品の代金はウィスキーで払われたし、医者は傷をワインで洗った。政治的行事では蒸留酒がふんだんにふるまわれたが、それは当の政治家たちが内心ほくそえみながら提供していた。酔っぱらってしまえば人は政治家の思うようになるからだ。ウィスキーはそれは珍重されたので、一七九一年、できたばかりの連邦政府がアルコール販売に課税することを決めると叛乱が起きたくらいだった。史上これをウィスキー叛乱と呼ぶ。

一般大衆の酒に対する態度は初期キリスト教徒のものと同じだった。適切に節度をもってアルコールをとるのは人生の恩恵だが、泥酔は罪でもあり、社会の疫病神でもある。開拓者たちが西へと進み、大平原に小さな街が点在するようになると、アルコールのマイナス面がよりはっきりしはじめる。小規模な町や村は、一握りの酔払いがいれば簡単に威圧できる。酒におぼれた父親や夫がいなくなれば、見捨てられた家族は危険な辺境地帯でたちゆかなくなる。当然ながら禁酒をめざす団体がいくつも立ち上がる。どれも女性たちが先頭に立つのもよくわかる。こうしてアメリカ西部では各地で「禁酒《ドライ》」と「反禁酒《ウエット》」の派閥間の緊張が高まった。

禁酒感情が高まるにつれて、アルコール販売を禁止する州が出てきた。一八五一年メイン州を皮切りに、一八五二年にロード・アイランド、マサチューセッツ、ヴァーモントが続いた。一年後、ミシガンがこれに倣い、一八五四年にはコネティカットが加わった。しかしこれらの州の禁酒法は施行にあたって抜け道が多く、取締りも十分というには程遠かったから、禁酒運動の側は欲求不満がたまるばかりだった。結局禁酒感情は宗教信条と結びつき、一八七四年、女性キリスト教徒禁酒連合が結成されることになる。この団体は農村部で支持を集め、そしてやがて伝説的なキャリー・ネイションの登場につながる。最初の夫のアルコール依存症に怒り心頭に発したこの女性は斧を手にとり、中西部じゅうの酒場を打ち壊してあるいたのだ。これを快挙と思ったアメリカ人は多く、腐敗撲滅運動が時代の潮流だったことも重なって、アルコールに対する戦いは一段とはずみをつけた。

ふり返ってみると、変化を求めるこうした潮流に醸造業者たちは気づいていなかったようだ。ビールとアルコールはアメリカ人の生活でも常に重要な要素であると信じたことはまちがっていなかったが、アメリカ全土の醸造業者は禁酒の嵐が勢いを増してもたいして脅威とは思わなかった。節度をもってアルコールに親しむことは先祖代々アメリカの伝統であると応えていたし、アメリカ建国当時によく言われた決まり文句「醸造所は最高の薬局」まで持ちだした。時代がどちらを向いているか、気がついていなかったのは悲劇とも言えるほどだ。醸造業者たちは政治的な力を得た女性たちから何が生まれるか、見通すことができなかった。この女性たちは何かといえば、酒を飲みすぎることでいかに自分たち家族が踏みにじられたかという話を持ちだした。第一次世界大戦で反ドイツ感情が大きく燃えあがっていた状況も、そして次にはその感情が大部分ドイツ系であるビール醸造業界に対する怒りに収束していることも、醸造業者たちは把握することができなかった。腐敗撲滅の波に乗って国の禍いのほとんどをアルコールのせいにし、したがって禁酒すれば我が国の難問はすべて解決すると述べたてる政治家が想像以上に増えることも、醸造業者たちは見通すことができなかった。アメリカの醸造業界が世の中の流れがどちらにむかっているかに気がついて眼をさました時には、もう打てる手はほとんど無くなっていた。

禁酒法時代につながる立法措置は一九一七年、食物統制法の通過によって始まる。この法律により、ウッドロー・ウィルソン大統領はビールとワインの製造を規制する権限を与えられた。禁酒主義者たちは法案通過を裏から工作しながら、これがアルコール販売を非合法化する第一歩であると認識し、ウィルソンも要求に応じた。大統領はビール販売を三割減らすよう求め、ビールのアルコール含有量を大幅に制限した。これはほんの手始めだった。時をおかず、酩酊をもたらす飲料を全面的に禁止する憲法修正案が提案された。修正案は一九一九年一月に議会を通過したが、確実に取締るための付随の立法措置が必要だった。有名なヴォルステッド法が後に続き、アルコール分五パーセント以上の飲料はすべて酒と定義された。奇妙なことにウィルソン大統領はこの法案に拒否権を発動し、議会がこれを覆し、そして最高裁は、禁酒熱に終止符を打とうと醸造業界が一縷の望みを託した訴訟で法律を支持した。一九二〇年一月一七日、アメリカは禁酒国家となった。

禁酒法は後世、アメリカの歴史上最も愚かしい政策の一つであり、これに続く何世代にもわたって道徳と法律をめぐる議論の的とされることになる。世間での支持も小さかった。一九二六年に行われたある投票ではアメリカ人のうち禁酒政策とその法的根拠となった憲法修正一八条を支持する者はわずか一九パーセントにすぎないことが明らかとなった。つまり禁酒法は民主主義を損なうものだったのだ。禁酒法はまた法と秩序をも損なった。禁酒法以前にアメリカ国内にあった一七万七〇〇〇軒の酒場は単に地下にもぐっただけだった。ニューヨークだけでも三万二〇〇〇軒の違法酒場《スピークイージー》が繁栄をきわめ、その大半はやがて顧客の求めに応じて売春などの他の非合法サービスも提供するようになった。こうした施設に酒を運んだのは無数の密輸業者で、かれらは扱う商品をウィスキー、ジン、ラムに絞った。したがって禁酒法によって酒をあつかう商売が非合法とされただけでなく、より穏やかで健康にも良いビールよりも蒸留酒を飲むアメリカ人の数が増える結果となった。つまり禁酒法はアメリカでの蒸留酒の消費を増やしたのだ。

禁酒法はまた自家醸造も増やした。H・L・メンケンが当時書いているところを引用すると、「自家醸造をしている家は今や二軒に一軒の割合だ。（中略）人口七五万のアメリカのある都市にはビール製造用品を専門に売る店が一〇〇軒ある。そのうち最大にはほど遠いある店のオーナーは、近頃ではモルト・シロップが一日二〇〇〇ポンド（九〇〇キロ）売れると言う」。

禁酒法が悲惨、秘密、放縦を生みつづけて一〇年ほど経ってようやくローマ・カトリック信徒の大統領候補、ニューヨークのアル・スミスが禁酒法廃止をその選挙運動のおもなテーマに掲げた。スミスはホワイト・ハウスへのレースでは敗れたが、禁酒法廃止が考えられないものではないことを浸透させることには成功した。まもなく、「ブラック・ジャック」パーシング将軍、ウォルター・クライスラー、ハーヴェイ・ファイアストーン、ジョン・ロックフェラーといった著名人たちも変化を求めるスミスの叫びをくり返すようになった。
こうした人びとの中で最も興味深い人物はロックフェラーだろう。かれは酒を飲まなかったからだ。しかし禁酒法が失敗であることは認めていた。

憲法修正一八条の失敗によって、我が国の大半の人間が絶対禁酒ができるまでにいたっていないことが誰の目にも明らかになっている。少なくとも法律で強制される形で試みられる場合には絶対禁酒はできない。次善の策は節酒であり、この方が良いと考える人は多い。したがって達成可能な場合には絶対禁酒を熱烈に支持するものではあるが、現時点では、節酒の方をやはり熱烈に支持する。

この狂気の沙汰に終止符を打つことは新任のフランクリン・デラノ・ルーズヴェルトに委ねられた。就任後一週間とたたないうちに、ルーズヴェルトはビールの法定アルコール含有率を三・二パーセントに上げるよう議会に求めた。議会がこれに応じ、この勘違いの政策は幕を閉じた。もっとも禁酒法が公式に廃止されるのは一九三三年の憲法修正二一条の成立を待たねばならない。ビールの利点に気がつかないことでどれほどの損害が生じることになるか、禁酒法はまざまざと示している。禁酒法を推進した人びとは、すべての酒を十把一絡《じっぱひとから》げに扱ったのだ。泥酔の解毒剤として、行きすぎれば人生が破壊される蒸留酒の代わりとなる健康的な飲み物として、ビールを推奨することはしなかった。すなわち蒸留酒の消費量が禁酒法期間中に増えただけでなく、ビール醸造所が使われていなかったために、禁酒法が廃止された後の時期にもビールによって社会が利益を得る機会も失われた。禁酒法以前、アメリカには一七〇〇ヶ所の醸造所があった。禁酒法が廃止された時再開できたのはそのうち七〇〇ヶ所だけで、しかもそのうち五〇〇ヶ所以上は再開後まもなく閉鎖されてしまった。施設の老朽化と財源不足のためである。ということはあの一九三〇年代の危機の時代、人びとがビールの恩恵を受けられたはずの大恐慌の時期にも蒸留酒が席巻していたのだ。その結果、人びとの生活は乱れ、犯罪と貧困が拡大した。禁酒法はそれが君臨した時期だけでなく、その後の困難に満ちた時期にあっても、節制を不可能にしただけに終わった。

広告をうつという決断

ギネス社にとって禁酒法はアメリカ市場を完全に失うことを意味した。しかも同じこの時期、アイルランドの醸造業は課税対象とされて混乱のさなかにあり、オーストラリアや南アフリカなどでは地元ブランドが市場を蚕食《さんしょく》していた。それでもギネス精神《スピリット》は旺盛だった。売上の減少から生産設備に余裕が生まれたことを利用して、アラン・マクマレンという若い切れ者の科学者が革新的なアイデアを試したのだ。マクマレンはギネスの研究開発部門の長で、醸造をより科学的に行えば、良い結果が得られると確信するようになっていた。そのことを証明するのに必要なのは、通常はびっしりスケジュールが埋まっている設備に空きができることだけだった。醸造設備の一部を専用に使う許可を得て、マクマレンは連続殺菌工程の開発と大麦に含まれる窒素の研究を進めた。この二つによってギネス社の生産量と販売量はともに増大した。

マクマレンの科学的手法による成功の大きさにギネス社の文化全体が刺激された。よりていねいに販売を記録するようになり、価格設定も厳密になった。そして物流の改善にはさらに徹底的な科学的手法が用いられた。当時のギネス経営陣の中で、時代が求めるものとギネスの文化、そして近代的な経営法を誰よりもよく把握していたのはベン・ニューボルドである。ドクター・ラムスデンのやり方に影響を受けたのかもしれないが、ニューボルドは一九二六年、ビールの流通について直接情報を得ようと、イングランド全土を回ることにした。二ヶ月にわたって、ニューボルドは瓶詰め業者《ボトラーズ》、小売り業者、そしてより重要なことに、消費者から直接話を聞いてまわった。うまくいっているものは何か、うまくいっていないものは何か、そしてギネスはどうすれば市場シェアを拡大できるかを把握するためである。ニューボルドの結論は長期的影響の点でもラムスデンの結論に匹敵した。その最も重要な勧告はマーケティングに関するものである。

我が社の顧客（瓶詰め業者《ボトラーズ》）の「販売」網を別とすれば、我が社はスタウト自体の販売力にこれまで依存してきた。消費者にとって最高のお買い得品であるというギネスの「性格」を軽視しては、将来長期にわたって、スタウト自体の販売力を戦前の水準にもどすことが我が社にとって財政的に不可能であることは明らかである。何もせずともスタウトだけで再び売れるようになるまでは、我が社が自ら売る努力をはらうことが必要と思われる。ギネスを扱う業者に従来より魅力的な報奨条件を提示する、価格や権威によって広く世間一般の需要を喚起する、広告宣伝する、我が社の販売網を大幅に強化する、などの方策が必要だろう。あるいはこれらの手段を少しずつすべて採用することが必要かもしれない。

この広告宣伝の件はギネス社では微妙な問題だった。一九〇九年、エドワード・セシルは宣言した。

「いかなる形でも広告宣伝はしないというのが我が社の原則だ。イングランドでもアイルランドでも、絶対に広告宣伝はしない」

この方針は当時のギネス社にのみ許された贅沢だった。販売はうなぎのぼりで、製品の評判だけで売れていた時代である。しかし戦後の一九二〇年代当時にあっては、事情は違っていた。時代は変わっており、会社は広告宣伝計画を立てるよう至急動くべきだと、ニューボルドは経営陣を説得してまわった。

「すでに確保している地盤を保持する方が、失われてしまってからとりもどすよりも容易です

（そして、費用もずっと安くすむ）」

ギネスの記録保管者であるイーヴリン・ロシェはビル・イェンにこう語った。

「アイヴァ卿（エドワード・セシル）は、製品に宣伝広告が必要だとすれば、その製品は拙劣なものだと考えていたのです。ですがベン・ニューボルドはギネスも宣伝広告をしなければならないと、結局は卿を説得しました。ニューボルドはギネス社で初めてマーケティングを行った人物です。かれはギネスの偉人の一人であると私は確信しています」

この方針転換はエドワード・セシルの生涯の最後に行われた。ギネス社が広告宣伝へと踏みだす最初のステップをかれが承認した取締役会が開かれたのは一九二七年八月三〇日だった。それからわずか数週間後の一〇月二七日にエドワード・セシルは死んだ。享年八〇歳。会社を率いる地位についたのは一八七六年。以来、驚異的な成長、株式公開、大戦前の拡大と戦後の急激な減速を通じて舵取りをしてきた。そしてその人生も押しつまった時に、波瀾に満ちた新たな世紀にあって事業上の難題を真向から受けて立った。エドワード・セシルはその生涯を醸造業に捧げ、そのおかげで莫大な資産を築いた。遺産は一三五〇万ポンドに上り、当時英国史上空前の額だった。かれは一群の稀な人間たちの一人だった。ヴィクトリア朝の紳士でありながら、自分の会社が次の世紀にもうまくやっていけるようにしたのだ。会社は困難な時期にあり、新たな手法をぜひとも必要としていたものの、エドワード・セシル・ギネスがかくも長い間その先頭に立っていたのだからこの先数十年は繁栄するだろう、と期待できた。

五代目、「変人」ルパート

ギネス社の会長職はエドワード・セシルの長男ルパートが受け継いだ。それは父親の遺志ではあったが、何の支障もなしにくだされた判断でもなかった。ルパートはこの時五三歳。醸造業での経験はまったく無かった。それだけではない、一族の大半はルパートを変人とみていた。孤独を好み、人間よりも顕微鏡で微生物を観察する方に時間を割く人物であり、ビールよりも旅と夢想が好きな人物と思われていた。醸造所の舵取りを任された際、ルパートはこうした周囲の見方に悩まされた。

子どもの頃、ルパートはウィンストン・チャーチルと同じ乳母に世話をされた。そして二人は男の子がよくそうあるように、時間を決めて遊んだ。ある喧嘩の際、幼いウィンストンはルパートの目を鞭で叩いた。医師の手当がまずかったために、傷は一生残ることになった。何年もたって、ともに八〇代になった時、チャーチルは第二代アイヴァ卿となっていた友にむかって言った。

「なあ、ルパート、ダブリンでの喧嘩を覚えているかね」

二人ともまだ今よりも無垢に近かった日々の思い出を大切にしていた。

ルパートは家族全員から非難の目で見られながら成人することになる。学校の成績は悪く、これはギネス家の一員としては許されないことだった。ルパートは頭が悪く、怠け者と思われていた。視力検査から精神異常にいたるまでありとあらゆる検査を受けたが、どこが悪いのか、原因はわからなかった。実は失読症だったのだが、当時この病気はまだ知られていなかったから、ルパートは懲罰と嘲笑をいつまでも耐えねばならなかった。両親はもう少し理解があってもよかっただろう。七歳の折り、ルパートはたまたま父親の新しい顕微鏡に触れる機会があった。そこに見つけたもう一つの宇宙にルパートは夢中になった。以来、死ぬまでかれは科学探求を続けることになる。そういう少年が、頭の回転が鈍く、好奇心を持たないはずがない。むしろ、学校で教えられるよりも独学の方がよりよく学べる少年の徴である。しかしルパートの才能が認められ、称揚されるには成人になるまで待たねばならなかった。

イートンとその後に入ったケンブリッジでは、成績は悪かったが、人望は高かった。イートンの校長ですらルパートについてはこう書いている。

「品行方正と気立ての良さでは全校の模範である。（中略）本校の生徒としてこれほど完璧な性格は見たことがない。かれに何か不名誉な行為が可能であるとは到底考えられない」

その上で校長はつけ加えている。

「その能力が性格の優秀さに少しでも近づくことを願う」

ルパートは科学の探求だけでなくボートにも秀でていた。ケンブリッジ時代、ダイアモンド・スカルズで前年の優勝者を破り、全校のヒーローとなった。やがてルパートはアマチュアのスカルではイングランドの第一人者と誰もが認める存在となり、おかげでそれまでの人生で初めて社会的な成功といえるものを手にすることができた。しかし、心臓が弱いと診断されて競争を禁じられたために、スポーツでのキャリアには終止符が打たれた。ルパートは再び顕微鏡との孤独な生活にもどり、がっかりした父親がアーネストとウォルターの弟たちに惜しみなく愛情を注ぐのを端で眺めた。

一九世紀末、ルパートはボーア戦争に従軍し、サー・ウィリアム・トムソンの参謀を務めて勲功があった。しかし重い赤痢と腸チフスにかかった。帰国したルパートは軍功に対して勲章を授けられた。父親の秘書として働きはじめ、レディ・グエンドリン・オンスロウと結婚した。少したってからエドワード・セシルは五〇〇万ポンドという、気前の良い新婚祝いを夫婦に贈った。

ルパートは当時の富裕階級の若者の流儀にしたがって日々を送ること、つまりクラブとスポーツにうつつをぬかすこともできたはずである。しかしかれの資質はそこに収まるようなものではなかった。ルパートを知る人びとはほとんど一人残らず驚くことになったらしい。かれはギネス家の伝統として貧困層に真剣な関心をはらい、富を人類全体のために使うことを義務とこころえていた。父親から結婚祝いをもらった時にも、流行を追いかけることはしなかった。代わりに新妻ともどもスラム街の家に移り、貧しい人びとの苦しみを軽減する十字軍を始めた。ルパートが属する階級はあきれた。アイルランドの庶民は感動した。マスメディアはどう扱ってよいか、途方にくれた。ある新聞の報道。

「レジャーといえばヨット、ボート、狩猟、ゴルフというような人間、所属するクラブといえばビーフスティーク、レアンダー、カールトン、ギャリック、ロイヤル・ヨット隊というような人間であっても、社会的弱者や貧困層のためによろこんで汗を流せることを、我が国の冷淡な公務員たちに対して、はっきり示している」

それは見せかけでも、すぐ終わってしまうようなものでもなかった。ルパートとグエンドリンはショアディッチのスラムに七年間暮らした。悲しい目にも遭った。一九〇六年、妊娠中のグエンドリンはひどい交通事故に巻きこまれ、胎内の男児は未熟児として生まれた。この子は三六時間の命だった。先祖たちの流儀に倣い、ルパートはこの悲劇をバネに、さらに意義の大きな行動に踏みきった。ロンドン市議会議員となり、人道的改革、とりわけ子どもたちに関する改革の推進者となった。情けに篤《あつ》い一方、猛々しい戦士として広く知られるようになった。一九〇八年、ハガーストンから下院に当選し、一九一二年にはサウスエンド・オン・シーから選ばれた。この議席を二五年以上守った後、一九二七年、父の死によってギネス醸造所を率いることになり、同時に貴族としての父の地位を受け継いで上院に議席を与えられた。妻のグエンドリンは貧困層のための戦いを自ら引受けることにした。夫に代わって下院に立候補し、当選したのだ。英国史上最も初期の女性国会議員の一人となった。連合王国には、どちらもスラムに住み、貧しい人びとの立場を代弁し、生涯これを続けようとしている上院議員と女性下院議員が同時に存在することになった。これはまたギネスの流儀の一環でもある。

一九二七年当時ルパートが監督することになった醸造所はその偉大な祖先が購入したものとは遥かに隔たったものになっていた。工場は一七五九年に借りたもともとの四エーカーの敷地から、今や六〇エーカー以上に拡がっていた。その広大な敷地に建つ建物はあまりに多く、その総てを効率良く連絡するのに必要な鉄道線路の総延長は八マイル（約一三キロ）に達した。醱酵室、大桶《ヴァット》貯蔵所、厩、桶製造所、樽洗浄所、貨車の車庫、そしてホップとモルトの巨大な貯蔵施設があった。河岸があり、船舶が停泊し、およそ考えられるかぎりの、ありとあらゆる種類のガレージと修理工場があった。それらの間を縫って行き交うのはトラック、列車、馬車である。ギネス社の出荷量の大きさは一九三〇年だけでも社が印刷するラベルをならべると地球を一周するほどだった。ギネス社はビールを瓶詰めすることはしなかったが、ラベルはすべて自社で印刷していた。

ルパートがギネス社の会長に就任したのは、西欧世界をより深刻な経済危機が襲う直前だった。一九二九年一〇月二九日、ニューヨーク株式市場が崩壊する。この日は「暗黒の火曜日」として歴史に刻まれることになる。英国の醸造産業は続く数年間で二〇パーセント以上落ち込んだ。しかしそれもアイルランドの経済が陥った惨状に比べれば大したものではなかった。一九三二年までに、ギネス社の売上は一九二七年の水準の半分に落ちた。もっとも、賢明な経営といくつかの幸運が重なって、一九三九年の総収入は一九一四年の倍となった。一つには一九三三年、アメリカの禁酒法が廃止され、アメリカ市場が回復したことと、広告宣伝についてギネス社取締役のベン・ニューボルドの主張が認められたことによる。

国民の心に残るＰＲ戦略

一九二七年にエドワード・セシルがついに広告宣伝の禁を解くと、ギネス社は広告代理店Ｓ・

H・ベンソン社を起用して、試験的なマーケティング・キャンペーンを始めた。当然のことながら、経営陣の中にはまだ納得していない者もいた。ベンソン社はグラスゴーで試験キャンペーンを行うことを勧めた。グラスゴーにはかなりの数のアイルランド人住民がいるにもかかわらず、一九一四年以降、ギネスの売上は減少していた。キャンペーンは一九二七年秋に始まり、一九二八年四月には売上は七・三パーセント上昇した。それでもまだ納得しない向きには、イングランドで広告宣伝が行われた。そこではギネスの売上は約六・八パーセント減少していたが、やはり売上は劇的に伸びた。

ギネス社は広告宣伝に身を入れはじめ、ベンソン社との提携によって広告宣伝史上最も有名なスローガンやキャンペーンが生みだされた。ごく初期の段階でベンソン社は「Guinness is Good《ギネスを飲めば》 for You《いい気分》」というスローガンを提案した。これはギネスを飲んだ後、人びとが実際に「気分が良くなったと感じている」ことを示す市場調査から生みだされた。スローガンは定着し、それから数十年間使われることになる。この情緒とタイミングは時代と完璧に合っていた。そして適量のアルコール摂取は健康に良く、活性化作用があるという、後世の研究成果をも先取りしていた。

とはいえ、このスローガンを生みだしたことは第一歩にすぎなかった。ベンソン社が自社のイラストレーターの一人ジョン・ギルロイをギネス社との共同作業にあたらせると、ギネスのキャンペーンは全世界的注目を集めるようになった。ギルロイは頭の禿げた眼鏡をかけた男で、飽きやすい大衆にギネスのブランドが訴えるにはどんな奇抜さが必要か理解していた。イングランド人のギルロイは第一次世界大戦によって中断されるまでダラム大学に学んだ。大戦中はロイヤル野戦砲大隊に所属し、戦後ロンドンのロイヤル芸術学院で研鑽を続け、卒業してベンソン社に入社した。ギルロイは才能豊かな画家であり、後にウィンストン・チャーチル、サー・ジョン・ギールグッド、エドワード・ヒース、教皇ヨハネ二三世といった人びとの肖像画を描くことになる。英国王家の人びとのものも多く、女王エリザベス二世がギルロイに肖像画を描かせるのは画家が八二歳の折りだった。

ギルロイは一九二五年にベンソン社に入り、まもなく最初のギネス・キャンペーンで仕事をした。この時中心になったスローガンは「Guinness for Strength《ギネスはパワーの元》」というものだった。そのイラストには梁を運んでいる男のイメージが入っていた。ギルロイがギネスのために描いたイラストの大半で特徴になっている有名な男のイメージで、実のところギルロイの自画像である。一九三五年になるとギルロイは無数の動物を使った広告図案を生みだしていた。この図案は「ギネス動物園」と呼ばれるようになる。この手法は斬新だった。後にギルロイは語っている。

「私は根が陽気なんです。それにギネスのキャンペーンにはユーモアの味付けが要るなと思っていました」

ある日バートラム・ミルズ・サーカスを見にいったギルロイは一群の動物たちを思いつく。やがてこの動物たちは鼻の上にギネスをのせてバランスをとったり、動物園の園丁たちからギネスを失敬したり、戦時中には編隊を組んでギネスを前線に届けたりもするようになる。

この広告宣伝に人びとは大笑いしながら飛びついた。新しいイラストが出るたびに人びとがどれほど夢中になったか明らかになったのは一九三六年のことである。この時、一羽の駝鳥《ダチョウ》が動物園の飼育係から奪ったギネスの一パイント・グラスを飲みこんでいるポスターが人気となった。ところが駝鳥の長い首の中のグラスが逆さまになっていたのだ。ベンソン社とギネス社のオフィスには手紙が殺到した。何千人ものギネス愛好者が心配になったのである。長い首の中のパイント・グラスが下向きになっていなくては、この架空の駝鳥はギネスが飲めないではないか。一九五二年、同じイラストが再発された時、次のような詩がつけ加えられた。

駝鳥がさ、旅人は思いだす
ギネスを飲んだ、グラスごと
それでさこんなに時間がかかるなんてたまらない
ギネスのおかげで駝鳥が元気もりもりになるまでに

それ以後何年にもわたってギルロイは様々なスローガンのもとに広告イラストを考案した。いわく「It's a Lovely Day for a Guinness《ギネスにはもってこいの日》」「Guinness as Usual《いつものギネス》」「My Goodness! My Guinness!《待ってくれ！おいらのギネス》」。常に変わらないのはギルロイ自身がモデルの人物で、かれはビールをさらった海豹《アザラシ》を必死になって追いかけていたり、大嘴《オオハシ》がその長い嘴の上で一パイント・グラスを二つバランスをとっているのに目を丸くしたりしていた。この大嘴はギルロイが描いたギネスのシンボルの中でもおそらく最も有名なものかもしれない。次のようなフレーズが一緒になっていることもよくあった。

だれでもできるよ、あいつにも
ギネスを飲めばいい気分
大嘴に生まれるのはなんてすばらしい
大嘴に何ができるか、わかるだろ

別ヴァージョン。

大嘴は巣の中でいう、その通り
ギネスを飲めばいい気分
今日もギネスを開ければわかる
大嘴にも誰にもできること

ギネスのためにギルロイがした仕事は伝説の域に達し、一九六〇年代まで続くことになる。三五年にわたって一〇〇点以上のポスターが生みだされた。ギルロイの腕に惚れこんだウォルト・ディズニーは高い報酬でハリウッドに誘った。ギルロイはこれを断った。英国宣伝広告の父デヴィッド・オグルヴィはかつてこう言った。

　ギルロイのポスターのおかげで「ギネスはイングランドの暮らしの土台に溶け込んだ。いかなる分野においてもこれの右に出るものは無い」。

　ギネスの広告宣伝の力のほどは、これに霊感を吹きこまれた大家が何人もいることにも表れている。アイルランド最大の作家の一人ジェイムズ・ジョイスはその作品の中で数十回もギネスの名を出しているし、一度などギネス用宣伝文句を自ら考えたこともある。「The free, the flow,《自由に流れる泡を》 the frothy freshener《かぶった清涼飲料》」（が、「ギネスを飲めばいい気分」から乗りかえなかったから、ギネス社は感心しなかったようだ）。ピーター・ウィムジー卿のミステリ・シリーズで有名になるドロシー・セイヤーズは一九二二年から一九三一年までベンソン社に勤め、ギルロイと組んでいくつもの宣伝キャンペーンを担当した。右にあげた大嘴の詩の最初のものはセイヤーズのペンになる。

　一九三〇年代を通じてギネスは売上を延ばしたが、広告宣伝によるところが大きかった。経営陣はこれに自信を得て、さらなる拡大に備えはじめた。一九三六年、会社はロンドン中心部から二五マイル（四〇キロ）北のパーク・ロイヤルに新しい醸造所を開いた。この工場なくして後のギネスの成功は考えられない。一九三九年には全社の生産量の約三分の一をまかなっていた。第二次世界大戦後ほどなくして、生産量はセント・ジェイムズ・ゲイトを超えた。

　この時期にギネスはアメリカにも醸造所を獲得した。一九三四年、ギネス仲買業者のＥ・Ｊ・

パーク社がマンハッタンのスカイラインがみえるニューヨーク市内にパーク醸造株式会社を開いた。この事業はしかしパーク・ロイヤルのように成功しなかった。醸造所が操業を始めたのは大恐慌もどん底の時期だったし、競争は熾烈《しれつ》で、すでに知名度のあった地元のブランドですら禁酒法時代に市場が完全に閉鎖された後遺症に苦しんでいた。パーク社を破産から救うと同時に、爆発的に成長していたアメリカ市場ですでに稼動している醸造施設を利用できるチャンスとみて、ギネス社は一九四三年に施設を買収する。もっともスタウトの生産は第二次世界大戦が終わるまで待たねばならなかった。

戦場のクリスマス・プレゼント

とはいえ、連合王国にあってはギネスが多数の男たちにとって、どれほど生活の欠くことのできない一部になっていたか、はっきりと示したのも第二次世界大戦だった。一九三九年九月一日、ヒトラーの軍隊がポーランドに侵入した時、イングランドとフランスはドイツに対して宣戦布告した。何百万もの男たちが戦闘に赴いた。そしてギネスはできるかぎりの支援をすることを決めた。英国政府の側でビールに対する態度が変化していたこともはずみとなった。第一次世界大戦中は、政府関係者の多くはビールが兵士にとっても、労働者にとっても任務遂行の妨げになると考えていた。しかし、第二次世界大戦勃発の頃には、ギネスはアイルランドの産物であるのと同じくらいイングランドの産品にもなっていた。これにはギネス社の広告宣伝とパーク・

ロイヤルの新工場が大きく働いた。戦時にあって男たちと故国を結びつけ、士気を鼓舞するのにギネスが貢献することを、政府も理解した。ギネスは病院には無料で供給されたし、前線にも送られたし、銃後でも従軍している男たちには例外なく割引された。ビールに対する政府の態度の変化は、英軍が生産の五％を軍隊用に確保することをギネス社に要請したことにも表れていた。

ギネス社はよろこんでこれに応じた。一九三九年一二月、予想されていたドイツのフランス侵攻に先立つ小康状態の時期に、前線の兵士全員がクリスマス・ディナーの際、ギネスのボトルを一本ずつ贈られた。これはそう簡単に実現できたわけではない。ギネス社の社員が多数従軍していたから、一二月二五日までに兵士たちが一人残らずギネスのボトルを受け取るためには何百人もの人手を追加で確保することが必要だった。ここで愛国者たちが立ち上がった。醸造所の前には志願者が列をなした。ギネスを退職した人びともいたし、第一次世界大戦に従軍した人びともいた。赤十字も労働者を送ったし、競争相手のはずの他の醸造業者も、何よりも重要なこの注文のすべてに応じるため熟練工を提供した。このプレゼントを兵士たちは実にありがたいものとして記憶することになる。その後にはダンケルクとロンドン大空襲と、そしてひき肉製造機と化した血なまぐさい戦闘の日々が続いたからだ。

戦時中ギネスの売上は激減し、会社で働く人びとは苦しんだ。パーク・ロイヤルの工場はドイツによる空襲で一度ならず爆撃され、一九四〇年一〇月、工場内の氷製造所が完全に破壊された。従業員四人が命を落とした。やがてギネスの一族内からも死者が出た。ルパートの息子アーサーは戦争が始まった時、サフォーク祖国防衛隊《ヨーマンリィ》の少佐だった。父親の期待を一身に集め、一族の事業では会長の後継者に指名されていたし、アイヴァ伯爵位の継承予定者でもあった。ノルマンディー上陸のDディでヨーロッパに入った連合軍のすぐ後から大陸に渡り、一九四五年二月に、第五五対戦車連隊第二一八砲兵中隊の一員として激しい戦闘に巻きこまれた。アーサーが戦死したのは二月八日、オランダのナイメーヘンの戦闘でのことである。享年三二歳。父親は死ぬまでかれの死を悼んだ。

ギネス一族で国家のためにその命を捧げたのはアーサーだけではなかった。ルパートの弟ウォルター・ギネスはモイン男爵の称号を持っていた。経験豊かな、愛嬌のある人物で、首相のチャーチルはじめ数多くの有力者からの信頼が篤かった。下院議員を務め、後に上院に移った。第一次世界大戦に従軍したが、その所属連隊は皮肉にも第二次世界大戦で甥のアーサーが戦死したものと同じだった。ヒトラーのアフリカ軍団が砂漠のわずか数マイル先まで迫って緊張が高まった時期に、チャーチルのエジプト担当相を務めた。その仕事の中で、パレスティナへのユダヤ人の移住を制限するという英国の政策の象徴とされてしまったのはウォルターにとって不運だった。そのためイスラエル国家創設を支持する勢力の間でウォルターを敵とみなす者が多かった。一九四四年一一月六日、カイロの英国大使館からゲジラ島の自宅へもどる途中、モイン男爵ウォルター・ギネスはユダヤ人のゲリラ組織パルマックのメンバーに暗殺されたのである。

親友の死にチャーチルが受けた衝撃はあまりに大きく、首相がその件について議会で発言したのは実に暗殺から一一日後だった。実際に口を開いた時、チャーチルは述べた。

「我国のシオニズムの夢が暗殺者の銃口からたちのぼる煙しか生みださず、シオニズムの未来をめざした我国の努力がナチス・ドイツにも等しいギャングの集団しか生まないのであれば、（イングランドは）これまでかくも長い間、かくも揺るぎなく保ってきた立場を再考せざるをえない」

イスラエルのユダヤ人社会は言葉を失った。影響力ある新聞である『ハーレツ』の報道はただ一言。

「我らが大義にこれほど深刻な打撃はかつてなかった」

一九四八年の独立に先立つ時期に英国のイスラエルに対する態度が硬化したのは、一つにはこの暗殺が原因だと考えた人間は多い。その通りだとすれば、『ハーレツ』のこの判断がどれほど的を射ていたか、当時の読者には到底わからなかった。

父親同様、ルパート・ギネスは信頼のできるすぐれた手腕の持ち主に経営の実務を任せた。戦時中を中心に永年ギネスの経営実務をとりしきったのはベン・ニューボルドだった。才能ある戦略家で、会社を説得して広告宣伝に踏みきらせ、この新たな冒険を歴史的成功に導いた人物である。ところが一九四六年、終戦直後、ニューボルドが急死する。その損失はなんとも痛ましいものだった。ニューボルドが率いていた数十年間、ギネス社は繁栄していたからだ。幸いなことに、ニューボルドの死の前年、ルパートはもう一人の才能ある人物に高齢のニューボルドを補佐するよう求めていた。その名はヒュー・ビーヴァー、天才的な行政手腕を持ち、戦時中公共事業省最高幹部として大きな業績をあげて、一九四三年、ナイトに列せられていた。ニューボルドの死とともに、ビーヴァーが実務の最高責任者となり、ギネス社が空前の拡大にむかうお膳立てをした。ビーヴァーは醸造の経験無くしてその地位についた初めての人間だった。しかし、セント・ジェイムズ・ゲイトとパーク・ロイヤルの施設はよく知っていたし、創業家と伝統に敬意をはらい、そして何より重要なことに、時代が求めるものが何かを理解していた。

ビーヴァーがまず手をつけたのは、ビジネスの新時代の要請に応えられるよう、会社を再編成することだった。セント・ジェイムズ・ゲイトとパーク・ロイヤルの二つの醸造所をそれぞれ独立の会社とし、より広いアーサー・ギネス・サン社の傘下に置いた。ビーヴァーは醸造科学を尊重し、アラン・マクマレンが開発した連続消毒過程に巨額の投資を行った。またセント・ジェイムズ・ゲイトの施設を結ぶ鉄道の機関車の大群を最新式のものに入れ換え、将来国際市場が拡大すると予測して新たに船舶を買い入れた。

サー・ヒューには急速な成長が期待できるだけの理由があった。一九四五年、ギネス社は一九二一年以来初めて二〇〇万樽の大台を突破した。アメリカ市場も、主に禁酒法がもたらした三〇年におよぶスランプから抜け出ようとしていた。戦時中の規制と物資の欠乏に醸造業界はまだ苦しんではいたものの、あらゆる徴候からして、それも時とともに解決され、準備を整えていさえすれば、大きなチャンスがやがて来るはずだと信じられた。ビーヴァーは万全の準備を整えようとした。

英国初のテレビコマーシャル登場

成功の期待を現実のものとするために、ギネス社は再びジョン・ギルロイの仕事に頼ることにした。ギネスのトレードマークとなった広告宣伝は戦時中銃後の市民と前線の兵士たちをともにおおいに励ました。ギルロイの海豹《アザラシ》や大嘴《オオハシ》や駝鳥《ダチョウ》や飼育係たちは、今度は平和な時代の役割にもどった。一九五〇年代初めには、ギルロイの有名な動物たちの一団はポスターから飛びだし、陶製の人形やランプ・スタンドなどの記念品に変身していた。ギルロイの絵の人気を見れば、戦後にあってもその広告宣伝の効果はまったく衰えていないことが明らかになった。ギネスのシンボルであるとともに英国生活のシンボルでもあるキャラクターたちの人気の高さから、一九五五年九月二二日、英国史上初の商業テレビ放送が始まった夜、ギルロイのキャラクターたちが主役を張ることになった。その晩、おなじみのギネスの一行そっくりの本物の海豹と本物の飼育係、それに人形やアニメーションのキャラクターたちが登場するコマーシャルを見て、視聴者は喜んだ。ギネス・ビールとギネスのシンボル一家が連合王国のテレビ視聴者にとってどれほど大きな意味を持つか、あらためて確認されたのだった。

とはいえギネス社は、たとえジョン・ギルロイのような天才が生みだしたものであっても、広告宣伝だけに寄りかかるつもりはなかった。会社の姿を形作っていた天才は他にもおり、アーサー・フォーセットもその一人だった。フォーセットは一九三二年、ギネス社がアレクサンダー・マクフィー瓶詰め会社を買収した際にギネス社に入社した。フォーセットは買収された会社の社長を務めており、ギネス社による買収とともにギネス輸出会社の責任者となった。フォーセットは「人をいらいらさせる性格だが、プロモーションのアイデアは独創的」なことで有名だった。これはかなり控え目な言い方だ。フォーセットはギネスの歴史の中でも最もはなばなしいプロモーション企画をいくつも編みだした。一九五〇年代初め、フォーセットはギネス・スタウトのミニ・ボトルを大量に配ることを思いついた。このミニ・ボトルはたちまち人気を集め、ブランドとしてのギネスの知名度を飛躍的に高めた。高さ三インチ（約七・六センチ）のミニ・ボトルは世界中でコレクションされた。

「世界最長の広告宣伝計画」

一九五四年と一九五九年にフォーセットが実施した企画は広告宣伝の歴史上最も風変わりでまた効果的なものの一つとなった。手紙を封印して番号を付けたギネスのボトルを大西洋、インド洋、太平洋に大量に流したのだ。ボトルを拾った人にギネス社に連絡してもらおうというのである。封印された手紙にはこう書かれていた。

「拾われたボトルがいつどこで流されたものか、必ずお知らせします。またふさわしい記念品もお送りします。ですが、とにもかくにも、何千マイルも越えて届いた大事なメッセージをどうかお忘れなく。Guinness is Good for You《ギネスを飲めばいい気分》」

フォーセットは一九五四年に五万本を流し、その成功を見て、ギネス創業二〇〇周年の一九五九年には一五万本を流した。

フォーセットは広告宣伝の大原則の一つを実践したのだった。製品だけを売るな。製品の文化を売れ。ボトルを流す企画によってギネスのイメージはわくわくすること、探検や冒険と発見、そして気前の良さに結びついた。最初にボトルを流してから数ヶ月すると手紙が届きはじめた。最初の手紙は遠くアゾレス諸島からだった。それから南アフリカ、西インド諸島、フィリピン、インドからも届けられた。北氷洋のコーツ島の浜辺で二本のボトルを見つけた探検家もいる。ボトルを流す企画は前代未聞の注目を集めた。この企画は「世界最長の広告宣伝計画」と呼ばれているが、それも無理はない。今でも年に一、二本の割合でボトルが見つかる。セント・ジェイムズ・ゲイトの保管所で見ることができる世界中から送られた手紙や返事の展示は、いつまで見ても見飽きない。

ギネス・ブック事業

このボトル流しにはヒュー・ビーヴァー時代のギネス社を特徴づける実験と革新精神が表れている。これを示すもう一つのものがビーヴァーの発案になる本、ギネスの名をいただいた本だ。これをネタにして無数の賭けが行われてきたあの本である。最初のきっかけは一九五一年、アイルランドのウェクスフォド州に狩猟に出かけた時だった。サー・ヒューはイングランドの猟鳥で一番速く飛ぶ鳥は何かをめぐって友人の一人と議論になった。胸黒《ムナグロ》か、はたまた雷鳥だろうか。ところがこの問題の答えを教えてくれる本はどこにも無かった。狩猟小舎に無かっただけでなく、街中の本屋にも無かったのだ。パブやスポーツ・クラブで議論の的になるような数字を一つ残らず載せてある本を出すのは面白いのではないか、とビーヴァーは考えはじめた。

ビーヴァーがこの本のことをギネス社のオフィスで話題にすると、部下の一人がロンドンでデータ・チェックを仕事にしている二人の人物の名前を出した。あの二人ならそういう本を作れるかもしれない。二人は名をノリスとロス・マクワーターという二〇代なかばの双子で、スポーツ・ライターをしていた。ビーヴァーは二人と会い、雇って仕事を任せた。ビーヴァーははじめ、この本をアイルランドと連合王国のパブ向けのプロモーションに使うつもりだった。経費はビールの売上でまかなえるだろうから、タダで配る計画だったのだ。

本は『ギネス・ブック・オヴ・レコード』と名付けられた。一九五四年に単なる宣材として発行されたこの本は、翌年、英国のベストセラーのトップに躍りでた。誰よりも驚いたのはサー・ヒューだった。一九五六年、アメリカで出版されると七万部以上を売り上げた。以来、この本は史上最大のベストセラーの一冊となり、一〇〇ヶ国以上で膨大な数が売れている。とはいえ、より重要なことは、この本によってギネスの名前が、その伝説的なビールの評判だけでは浸透しなかった国々や世代にまで知られるようになったことだろう。

黒ビール革命

経営トップの仕事が、夢を見て、革新を行う環境を造りだすことならば、一九五〇年代のサー・ヒュー・ビーヴァーはその仕事を立派に果たしていた。独創的な広告宣伝キャンペーンやベストセラー本を生みだし、組織を再編しただけでなく、サー・ヒューは愛すべき黒スタウトを提供する形により工夫をこらすよう求めた。五〇年代にギネスの利益は増えていたが、競争相手もまた後ろに迫っていた。各地の市場でラガーが侵入してきており、社内の販売計画担当たちは、スタウトの魅力を大きくするなんらかの方策が必要だと認識しはじめていた。かれらが出した結論は、ギネスの提供と品質維持の方法、それに最終的に客に出すそのやり方を変える、というものだった。

伝統的にパブで出されるギネスは、バーの上の高い位置に置かれた樽と下に置かれた樽の両方から注がれた。こうして、ビールとビールに生気を吹きこむ飽和炭酸ガスを客のグラスの中で混ぜていた。しかし、可動部品が多すぎて、装置は故障が多かった。また、バーテンによる味の差も大きすぎた。炭酸ガスとビールのバランスも崩れがちだった。ビールが冷たすぎれば味がなくなり、温かすぎれば、泡が多すぎた。市場のシェア拡大のために、ギネス社はこの問題を解決しようとした。いつでもどこでも旨いビールが飲めるようにするのだ。

サー・ヒューはこの解決策の開発をマイケル・アシュという若い技師の手に委ねた。アシュのプロジェクトは公式名称はドラフト・プロジェクトだったが、社内では「阿呆《ダフト》プロジェクト」と渾名された。うまくゆくと思った人間はほとんどいなかった。ところが一九五八年、アシュは「イージー・サーバー」と名づけたシステムをサー・ヒューに披露した。基本的には内部が二つに分れた単一の金属製の樽だった。片方にはスタウト、もう片方には二酸化炭素と窒素の混合物を適正な圧力で詰めたものである。革命的なシステムではあったが、まだ充分ではなかった。ギネスの醸造職人たちの評判は良くなかった。方向性はまちがっていないが、まだまだ改良の余地があることをアシュは感じとった。

やがてアシュはさらに革新を進め、二酸化炭素と窒素をはじめからスタウトに注入したものを単一の容器に収めたものを造りだした。これによってビールの流通は決定的に変わることになるが、その後、ここから派生するある発明が、さらに大きな変化をもたらす。ここで話のずっと先に跳ぶことにしよう。マイケル・アシュが半歩前進したことで、ビールの流通最大の革新につながった様を見るためだ。

一九八〇年代初め、缶入りビールが人気を集めた時、ギネス社にとってはそのビールを常に変わらない味のまま、しかもその特徴であるクリーミィな泡が上に乗る形で、消費者の手元に届けることが課題となった。ギネス社の技師たちはこの課題に取り組み、様々な解決策が提案された。どれも帯に短し襷《たすき》に長しだった。そして一九八五年、技術陣はついに缶内システム《イン・カン・システム》（ＩＣＳ）を開発する。それは五〇〇ミリリットル缶の底に仕込まれたプラスティック製の円盤だった。この円盤に仕掛けがあった。簡単に言えば、缶を開けるとこの円盤から窒素が吹きだし、ギネス特有のクリーミィな泡の冠ができる。円盤は後にウィジェットと呼ばれ、現在ではさらに改良されて浮遊球体《フローティング・スフィア》となっている。

このウィジェットはその先進性と創意が評価され、一九九一年、テクノロジー上の功績に対する女王表彰を受けた。二〇〇三年には、英国民の投票で過去四〇年間最大の発明と認められた。今では数多くの醸造会社がこの技術を模倣してなんらかの形のウィジェットを導入している。が、すべては一九五〇年代の若きマイケル・アシュから始まっているのだ。そしてセント・ジェイムズ・ゲイトでサー・ヒューが奨励した革新を求める企業文化のおかげでもある。

それだけではすまない。世界ではラガー・タイプのビールが最も好まれるようになってきたことを、ギネス社の経営陣は見逃さなかった。これは脅威とみなされた。ラガーはスタウトとはまったく違うからである。ラガーということばは「貯蔵する」を意味するドイツ語からきており、スタウトとは醱酵に使う酵母が異なる。「上部醱酵」を行うサッカロミセス・セレヴィシエではなく、「底部醱酵」を行うサッカロミセス・カールスベルゲンシスだ。そしてラガーはスタウトよりも遥かに低い温度で貯蔵される。その結果、より軽く、苦味が薄く、スタウトよりも変化に富む味付けができる黄金色のビールが生まれる。おそらくはこれが理由でラガーは世界中どこでも人気があるのだろう。例外は二〇世紀のイングランドとアイルランドだった。

ラガー市場の成長に対するギネスの回答として、一九五九年、ギネス社もラガーを造ることが決定された。ギネス社内の古株の中には、以前の教訓を思いだした者も何人かはいたにちがいない。第二次世界大戦直後、ギネス社はロング・アイランドの旧バーク醸造所を黒字に転換しようと試みたことがあった。多額の投資の末、一九四八年三月、アメリカ製ギネス・エクストラ・スタウトが発売された。残念ながらロング・アイランドの冒険はわずか半年しか続かなかった。激しい競争と、アメリカ市場での経験がギネス社には不足していたことが失敗の原因だった。あるアメリカ人評論家の言葉を借りれば、「ブロンドの国で黒いビールは売れんのだ」との結論を下した者は多かった。それから一二年後の一九六〇年、ギネスはブロンド色のビールを売ることにした。スタウトしか造らないとした創設者アーサー・ギネスの決定を覆したのだ。永年ギネスのシンボルとなってきたブライアン・ボルーのハープにちなんで、ハープ・ラガーと名づけられたギネス製ラガーは大成功し、以来広く愛されることになる。

次の時代へ

ルパート・ギネスが会長職にあった時期に行われた数多い革新の最後を飾るのがハープだった、と言ってもいいだろう。一九六二年、ルパートは八八歳となり、経営を新世代に渡すべきだと一族の者たちは言った。ここは注意が必要なところだ。後継者とされていたのはアーサー・フランシス・ベンジャミン、通称ベンジャミンで、まだわずか二五歳だった。醸造所での経験はまったく無く、醸造業を一生の仕事と思ってはいなかった。歴史に残るこの移譲については、ミシェル・ギネスの洞察に満ちた叙述を引用するのが一番良いだろう。

内気で引込み思案、公の場に出るのが負担になるようなベンジャミンは、巨大なものを無理矢理背負わされた人間の典型だった。初代アーサー・ギネスの長男が聖職者になることを選んだ際には、二代目のアーサーがその代わりを務めた。二代目アーサーの長男は聖職者となり、次男が詩人となった時には、ベンジャミン・リーが後を埋めた。ベンジャミン・リーの長男アーディローン卿が共同出資者から降りた時、エドワード・セシルは進んで単独経営者となった。エドワード・セシルには三人の息子がいたが、そのうち二人の会社への貢献は格別のものだった。エドワード・セシルはまた妻の一族も事業に引きいれた。こうして父から子への継承は五世代、二〇〇年にわたって続いてきた。ベンジャミン・アイヴァにとって自らの宿命に異議を唱えることはできなかった。聖職者や詩人になる道は閉ざされていた。医師や郵便配達人になることもできなかった。ベンジャミンは引受けるしかなかった。

つまりこの変化は単に担い手が交替したというだけには収まらなかったのだ。それはギネス社が永年守ってきた価値観を体現する世代から次の世代へ移ったことも意味した。新たに会社を率いることになったベンジャミンは立派な経営者で、かれが舵をとった二〇年以上にわたる期間には多くの面で前進がなされることになる。ギネスはアフリカやマレーシアでも醸造されるようになり、その市場を空前の規模に拡大した。会社はまた出版や映画、レストラン経営、不動産業、トラック輸送、菓子の製造といった幅広い分野に進出する。さらにまた、ギネスの先祖たちがい

ギネス貯蔵館内の醗酵室

たら皆が反対しただろう分野にも手を広げた。蒸留酒である。高級ウィスキーを造っていたアーサー・ベル&サンズの買収を皮切りに、ギネスは同業の会社をいくつも買収する。そして単にビールの醸造業者というだけではなく、あらゆる形のアルコール飲料を供給する会社として名声を博する。この方針転換はギネスの歴史の上に残るものであり、その結果、最終的に会社は合併によって独立企業としての存在をやめることになる。

ルパートからベンジャミンへバトンが渡されたことは、ギネスの伝統における一つの時代が終わったことを意味した。それまで会社を所有し、後には取締役会長を務めた人びとは、その価値観を一族の深い井戸から汲みあげていた。ビールの醸造法を知っていたのはもちろんだが、それだけではなく、従業員の面倒を見ること、社会をより良いものにするためにカネを投資すること、国家の行く末を変えてしまうような企業文化を生みだすことも知っていた。考えてみればルパートは父親から五〇〇万ポンドの結婚祝いをもらうと、スラムに住み、貧しい人びと、踏みつぶされた人びとのために声をあげた人物であり、そのやり方は一族の伝統にふさわしいものだったのだ。とはいえ、ルパートがここまでやるとは一族の誰も予想していなかった。

ルパートは類稀な人物であり、逆境と共感がその性格を形成していた。かれが体現した伝統がベンジャミンへの移譲で絶えたわけではない。ないが、弱まり、消えはじめたことは確かだ。

一九八六年、まだ五〇歳にもなっていなかったベンジャミンは会長職を辞し、社長のタイトルを受けることにした。かくてギネス社の歴史上初めて、会長職が一族以外の人間に任されることになった。実を言えばギネス社はギネス家よりも大きな存在に成長していたのである。買収や事業の拡大はあまりにも巨大なものになっていた。成長率は信じられないほどだった。というよりほとんど理解すらできないものになっていた。一九八三年、ギネスの純資産は二億五〇〇〇万ポンドだった。わずか四年後、この数字は四倍の一〇億ポンドを超えていた。ギネス社は世界最大の企業の一つとなり、会長職の責任の大きさは、それを天職と心得たわけではなく、単に家業として受け継いだだけの人間には重すぎるものになっていた。

ギネス一族が栄光の座から降りた後もギネス社は成長を続けることになる。スキャンダルも避けられない。例えばベンジャミン・ギネスの後継者アーネスト・ソンダースが刑務所に入ることになる事件だ。課題も絶えることはない。例えばギネスの多角経営は限界を超えてしまったから、簡素化が必要だと考えられるようになる。それに眼を見張る広告宣伝の数々。人気が爆発した「天才」キャンペーンやいかつく端正な顔をした俳優ルトガー・ハウアーを起用した「ギネスを飲む男」のCM、そしてさらに後年のあの楽しい「最高！《ブリリアント》」の広告。そしてもちろん、一九九七年、グランド・メトロポリタン社との劇的な合併による、世界最大のアルコール飲料会社ディアジオ社の誕生。現在、ギネスのブランドの拡大を続け、毎年新たな市場を開拓し、新たな世代を獲得しているのはディアジオ社だ。

ディアジオ社がそれを続けていることに、私たちは感謝しなければならない。ダブリンには壮大な〈貯蔵館〉があって、ギネスの天才を表し、伝統を多少とも保っていることに感謝しなければならない。とはいえ、ギネスの伝統のより精神的な側面を拡大してゆくのはディアジオ社の仕事だろうか。アーサーの信仰について語ること、あるいはエドワード・セシルとドクター・ラムスデンの共感と同情について語ること、ルパートとグラッタン一族の自己犠牲について語ることは、ディアジオ社の責任範囲からはずれる。そうではなく、伝統のその側面は、人びとがギネスの物語からその精神をくみあげ、自分たち自身の沃野《よくや》にそれを植えつける時に初めて生きつづけるのだ。

現在のビール工場

現在のギネス貯蔵館

終章

5つの「ギネスの哲学」

EPILOGUE: THE GUINNESS WAY

セント・ジェイムズ・ゲイトのギネス醸造所からトリニティ・カレッジ・ダブリンまでは歩いて一五分しかかからない。この道を歩く気持ち良さに比べられるものはヨーロッパでも他にはなかなかない。醸造所を貫いて南北に何本も通っている道の一本を北へ辿りながら、モルトの香りを吸いこむ。そしてトマス・ストリートを東へ折れる。リバティーズを抜け、ダブリンの商店街でも一番名の知れた通りを都心へむかう。ハイ・ストリートをほんの数歩歩いてデーム・ストリートへ曲れば、カレッジが向こうにみえる。

その昔セント・メアリ・デル・ダム教会に隣接していたデームの門にちなんで名づけられた歴史あるこの大通りには、ダブリンの数あるレストランの中でもこれ以上旨そうなところはなさそうな店が何軒もある。アイルランド銀行、市庁舎もこの通りにあるし、脇道の一本に入れば、ダブリン城が前にそびえる。そこを過ぎればトリニティ・カレッジの門だ。構内に入るにはヘンリー・グラッタンの像の下を通ることになる。一八世紀のこのアイルランド人政治家は醸造業について かつてこう言った。

「それは民衆の傅役《もりやく》であり、ありとあらゆる形で奨励し、引き立てるべきだし、税を免除されてしかるべきだ」

ギネス一族の人びとはこの像の下を通る際、ときどきはこの守護神に帽子を上げて挨拶をしたにちがいない。

それにもちろんトリニティ・カレッジそのものもある。エリザベス朝に創設された大学の堂々

デーム・ストリートからトリニティ・カレッジを望む
右手にみえるのはヘンリー・グラッタンの彫像と（柱のならんだ）アイルランド銀行

たる見本として、現代世界にあっても我は偉大なりと主張している。四五エーカーの敷地には玉石を敷いた道が縦横にかよい、建ってから五〇〇年近く経た建物が散らばる。一方、ピカピカでハイテクな近代的な施設があるのを見れば、この施設が過去を振り返ってばかりいるような、寝ぼけたところではないこともわかる。

この一五分の散歩で、ほんの一、二キロ空間を移動するだけでなく、数百年、時間の中も移動することもできるならば、その頃のトリニティで最も重要視されている学問の分野は私たちがこんにち学校では習わない科目であることがわかるはずだ。それを習わずにきたことで私たちが損害をこうむっていることもわかる。その科目は道徳哲学と呼ばれていた。歴史、神学、哲学、倫理学の融合したたものだ。つまり最も広い意味での歴史学、教訓を学びとる可能性を求めて過去を探求する学問だ。神の恩寵の現れ方を見きわめ、自分たちの生きる時代に活かせる知恵を得るために、人びとは主に道徳哲学として歴史を探求した。象牙の塔にこもり、現実から離れた抽象的な態度ばかりが眼につく現代の大学とはまるで違って、昔の学問は圧倒的に実用を旨としていた。遥か過去の世界の大学ではまったく別の形で学生の時期を過ごすことが当然とされていた。

私たちとしてはギネスの物語にもこの昔のやり方をあてはめてみるのが適切と思われる。ギネスの一族の歴史の概略を二世紀半にわたって辿ってきてみると、その物語は道徳哲学的なアプローチ、何世紀も前にトリニティ・カレッジで採用されていたア

トリニティ・カレッジ・ダブリンは 1592 年、エリザベス一世によって創建されたアイルランド最古の大学
ルパート・ギネスはトリニティに対して何度も重要な寄付をしている。写真は卒業記念館

プローチを求めているように思われるのだ。

ギネスの物語の中で私たちが見習うことができるのはどんなものか。私たちにとっても頼れる支柱にできる確固たる真実は何か。ギネスの経験からどんな格言を蒸留分離することができるだろうか。すでに知っていることから、私たちもまた離陸できるような格言は何だろうか。

ギネスのやり方をもう一度検討してみよう。

① 天命を見定めよ

ヘンリー・グラッタン・ギネスはアルバート公の有名な台詞を借りて言い換えた表現を口癖にしていた。

「諸君、諸君が生きる時代と世代に対する神の意志を見つけたまえ。見つけたらできるかぎり速やかに列にならびたまえ」

ギネス一族の成功とギネス一族が社会に与えた大きな影響の大半が、この行動の指針のもとに生きたからこそであることに、疑問の余地はほとんどない。まずは人間一人ひとりの生き方から始まっている。読者や私と同じく、アーサー・ギネスも人生における自分の役割は何だろうかと考えた。アーサーは自分の能力を見さだめ、教会で感じたことを思いかえした。父や名付け親の大主教のような人びとが自分の将来について言ったことを噛みしめた。そして、自分は何をすれば誇りを持て、何をすればうれしいか、何度も考えた。そうして自分には醸造家としての能力があることに気がつき、これを生涯の仕事とした。

しかしそれだけではない。ビール造りと罪を購うために富を使う他に、この人生で神は自分に何をさせようとしているのか、ということもアーサーは考えた。祝福と災厄とがこれまでこんな形で配されたことがなかったこの時代に、なぜ自分は生をうけたのか。そう考えることでアーサーには神がしていることが見えたのだ。神の言葉を知ることで貧困に対応し、人びとを高めているそのやり方が見えたのだ。そして決闘という血なまぐさいだけのうぬぼれた行為に終止符を打とうと苦労することは、救世主がこの時代に生まれたならば取組んでいただろう。そうしてアーサーは日曜学校を始め、貧しい人びとに惜しげなく施し、その時代を汚していた流血の事態に反対した。

それはすべて成功した。アーサー一人のみならず、かれの後に続いた人びともまた成功した。アーサー二世もまた同じく人生をめぐる疑問に答えを出そうと考えたことは、かれ自身の言葉からわかる。さらにはその後に続いた人びともまた同じ問題に取組んだ。それほど信仰に熱心ではなかった人びとも、それでもなお、それぞれが生きた時代に使命と思われる目的に照らして自分たちの人生を判断しようと試みた。つまり天命を知り、それを実現しようとすることが、ギネス一族の推進力となったのだ。そしてそれはまた私たちにとっても成功への道を指し示す。

② 将来の世代の立場に立って考えよ

歴史家たちの教えるところによれば、イングランドのあの輝かしいカンタベリー大聖堂を完成するには二三世代以上かかっている。その建設にたずさわった人びとの中には玄関前の柱廊《ポーチコ》だけ、あるいは一個の丸天井だけ、または一群の柱だけを造るのに一生を捧げた者もいる。この人びとは自分たちの仕事を神への捧げものととらえていた。こうした人たちは死に臨むと、大聖堂の自分が仕事をしていたところへ運んでくれと頼むことが多かった。そこで家族親族たちに囲まれ、自分が使っていた道具を息子たちに渡し、この神のための幕屋の建設を進める仕事を次の世代に託す。そして安らかにこの世を去るのだ。

こうした場面、それぞれの世代がより大きな目的のためにそれぞれの役割を果たすという考え方はすぐに忘れられてしまう。しかしこの生き方が成功につながることは歴史上何度もくり返し証明されている。そしてギネスの物語《サーガ》が教える知恵の一つでもある。何世紀にもわたるセント・ジェイムズ・ゲイトの歴史をふり返ってみれば、金持ちの息子たちが日雇いの労働者たちと肩をならべて働いている姿がみえる。そうしてその能力の限界まで醸造の技を学ぶ。ギネス一族の男たちの中には、会社を率いることを認められた期間よりも、徒弟の期間の方が長かった者が何人もいる。しかし、年長者と肩をならべて働くことで人の上に立つことができるようになるという考えはずっと変わらなかった。

この教訓を私たちは学びとり、私たち自身の仕事にもあてはめるべきだ。私たちはものごとを短期で考える傾向が強い。それぞれの世代はゼロから出発し、それぞれに行けるところまで行くものだと思いがちだ。しかしこれは現代に特有の考え方でしかない。かつてはそれぞれの世代はその前の世代をバネにして進むものと考えられていた。財産を得て、大きな影響力を持った偉大な一族はその成果として興った。これもまたギネスの物語が私たちにとって意味することの一つと言えるだろう。一〇年ごとに新たにやりなおすのではなく、世紀単位で造るやり方をあらためて身につけること。しかもそれを私心をはさまずに行うこと。私たちの人生は私たち自身の死の時点で測られるのではなく、後に続く世代がなしとげることやかれらの人生によって測られると心得ることだ。

③ 他に何をやってもいいが、一つだけは誰にも負けないようにせよ

ルパート・ギネスは上院議員をしていた間、ほとんど発言しなかった。というよりも、ルパートが行った唯一の演説は、正確なことば遣いそのままが記録に残されている。ある日、同僚議員、これも貴族の一人が英国の美しい田園風景の中に「Guinness is Good for You《ギネスを飲めばいい気分》」という看板がいたるところで眼につくことに苦情を述べたらしい。しばらく長広舌をふるった後、この議員の演説が終わった。すると九〇歳に近かったルパートが立ちあがり、記憶に残る演説を行った。その演説は英語ではわずか五つの単語だった。有名なアイヴァ卿は叫んだ。

「Guinness is good for you《ギネスを飲めばあなたもいい気分になるのだよ》」

この尊重すべき機関の歴史の上でも、これは最も短い、しかしおそらくはどんな演説よりも心

の底からなされた演説であった。

ビールのことならルパート・ギネスは何でも知っていた。ビールこそはギネス一族がその富を築いた土台であり、醸造所の歴代経営者たちがその質を良くし、量を増やそうと常に変わらず努めたものだった。確かにギネス一族は他の方面からも利益を得ていたし、他の事業も手がけた。しかし醸造業者たるギネスにとって、その事業全体の導きの星となったのはビールに注ぐ情熱だったのだ。

手を広げすぎて余力を失い、そもそもの土台である仕事すら危うく満足にできなくなるところまでいったのは、後の世代が愚かなことをしたためだ。しかしかつては、その財産を築き、ブランドを確立した時期にあっては、一つのことに卓越し、他のすべての事業がその一つのことからつながっていたからこそ、ギネスの名は世界最大のブランドの一つに数えられることになったのだ。

この教訓をこんにち私たちはあらためて噛みしめるべきだろう。手を広げてもいい時と場所はあるかもしれない。しかし、それを試みるのは確固たる土台を据えてからのことだ。そしてその土台がその人間なり企業なりが得意とする一つのことからできている場合に限られる。その上で、その土台が充分に広く、丈夫であるならば、いくら手を広げてもそれを支えられるはずだ。しかしその場合でも、何よりもまずその得意な一つのことが最優先であり、その一つのことで誰にも負けないようにしようという情熱を養うことが必要なのだ。それがギネスの成功の鍵である。

④ 行動する前に、まず事実をきわめよ

ギネス社が新たな市場に参入しようというある重要な決定をくだした際の、みごとな言葉が残されている。会社の考えの説明として、ある幹部がこう書いた。

「時間をかけて検討し、行動する時は迅速に、という我が社の伝統的方針にしたがった」

これがギネスのやり方だった。事実が集められ、データ分析が完成し、前後関係が明らかとなり、すべての選択肢が検討された後にはじめて行動が起こされる。そして行動は中途半端ではなく、徹底的なものだ。この順序は逆にはならない。まず第一に神話の類はそれが神話にすぎないことが明らかにされねばならないし、思考がたるんでいればその不十分さが暴露されねばならなかった。さらなる調査のために部下たちがあらためて派遣され、昔から正しいとされてきたことはそれが正しいと証明されるまで、その正当性を疑われた。このやり方に辛抱できない人間はいらいらさせられたろうが、ギネスの経営者たちは気にもしなかった。辛抱ができない人間は財産を築くこともなかったし、歴史を変えるビールを造ることもなかった。辛抱ができない人間は、とにかく行動したいとあせるからミスを犯してしまう。だから辛抱ができない人間はなだめ、抑え、時には処罰することが必要なのだ。そうしている間に、賢明な人間たちは必要な知識が全部そろうまで、決断をひかえている。

このやり方はこんにちでも充分通用する。データが生のまま情報として伝えられ、よく練られた計画とよく組み立てられた戦略にスピードがとって代わっているとされる時代にあっても、通

用する。知識がほとんど指数関数的に増大する時代にあっては、考えることをはしょって、とにかく動いてしまうのは簡単だ。しかしこんにちでも賢明な人間は、初代アーサーの時代の賢明な人間たちと同じく、圧力をものともせず、考えをめぐらし、祈ることさえする。そうして、おのれをわきまえ、なすべきことがわかり、結果がいつ出るか予測がつき、そして物心両面で適切な準備がととのってはじめて行動する。ひと財産つくれるようになるにはこのように判断をくだすしかない。だが、一方でこのやり方は指導者として成功するために果たさなければならないどんな仕事よりも、さらに勇気が要るものでもある。

⑤ あなたに投資してくれる人に投資せよ

ギネス社を新たな高みに導いた賢明な経営者だったエドワード・セシルがかつてこう言った。

「儲けたければ、まわりを儲けさせる人であれ」

この考えはこんにちのビジネスの考え方とほとんど対極にある。こんにち目標とされるのは、労働者から鼻血も出ないまで絞りとることのようにみえる。労働者に投資するのではない。雇用者の利益を増すことができるように、被雇用者の利益を増そうというのでもない。その代わりに私たちは労働側と経営側の間に緊張を生んでいる。これは労働、経営の双方にとって反生産的だ。

企業の宿命というものを私たちは忘れているらしい。労働者と所有者、労働側と経営側は繁栄する時は一緒だが、没落する時は別々だということだ。道義のとおった自由市場では、情け深い雇用を通じる時に、社会的地位の向上が最も得られやすいことを私たちは忘れている。人間が技を磨き、手本にできるキャラクターを持ち、より広い教育を受け、人の上に立つ術を身につけ、家族が身を立てる手段を得られるのは、仕事の世界においてなのだ。

ギネス社はこのことを理解していた。人間から絞れるだけ絞っておいて、あとでその人間をたてなおすのは教会なり政府なりに任せることを、この会社はしなかった。ギネス社は投資をした。高い賃金を払い、ありとあらゆる形の教育の機会を用意し、医療、スポーツ、娯楽、さらには考えるための場まで提供した。そして会社に尽くした人びとにはありとあらゆる形の財政上のセーフティ・ネットを保証した。ギネス社はまた住宅を建て、従業員の子弟に高等教育を受けさせ、一家族全体の家計を新たなレベルに上げることも少なくなかった。ギネス社がこうしたことを実行したのは、それが正しいことだったからでもある。しかし同時に、そうすることで、この種の投資が会社の命運を左右することがわからない企業よりも大きな成功を収めることができたからだ。

つまりエドワード・セシルが述べたことは的を射ているのだ。自分のために働く人びとによく働いてもらおうと思うなら、まずその人びとに投資しなければならない。これはギネス社の伝統を支える柱石の一つだった。この知恵を私たちは今いちど学びとらなければならない。緊張と不和に満ちたこんにちの経済世界ではなおさらだ。

＊　＊　＊

ここに掲げたものは、ギネスの経験から得られる格言のごく一部にすぎないが、どれも私たちをおおいに助けてくれるはずだ。これらは二世紀半にわたる経験から蒸留抽出された真実であり、世界最大のブランドの一つが保証する知恵である。私たちは本書でギネスの物語に多少とも親しみ、歴史におけるその意味を噛みしめてみた。そこからはギネスの哲学、基本的なものの考え方に備わる教えを深く学びとることができる。今度はそれを私たち自身の心の冒険、大いなる冒険にあてはめる番である。

感謝のことば

ビールとその醸造の世界を客として訪れた私がギネスの物語を書くのは、いわば火星の話を書くようなものだったから、はじめは右も左もわからなかった。幸い、たくさんの人びとに助けられた。詩人の魂と技能、それに信仰篤い善男善女たちだ。

まずはジョージ・グラント博士。ビールの歴史は高貴なものだという考えを最初に示してくれただけでなく、ビールを愛で、ビールを飲み、ビールについて書きのこし、そして神の栄光を讃えてビールを祝福したいにしえの大聖人たちについても教えてくれた。そのことをはじめ、何度もお邪魔をしたことも含め、感謝にたえないことはあまりに多い。

ナッシュヴィルのブラックストーンズ・ビア・レストランでのある日の朝食は忘れられない。オーナーのステファニー・ワインズは歓待してくれたし、トラヴィス・ヒクソンとジョシュ・ギャレットは、麦芽と麦汁と重力と酵母について、知るべきことのほとんどをこの初心者に教えてくれた。かれらの醸造への愛は私に伝染した。その技能に敬意を表し、その世界で過ごせたことに感謝する。かれらに紹介する労をとってくれたのは例によってボビィ・ブレイジアで、あらゆるものに情熱をかたむけるボビィはすばらしい人間だ。その情熱の対象にはもちろんビールも含まれる。

醸造の達人ロブ・ヒギンボサムは、何時間もかけて辛抱づよく醸造の仕事について教えてくれた。ロブは職人であるだけでなく詩人でもあって、ビールの技に通ずる美しいやり方も教えてくれた。ロブがいなければ、私がそれを知ることはまったくなかったはずである。ありがとう、ロブ。

本を書く人間は仕事をしている間は外の世界を寄せつけない。ところが、いったん書きあげてしまうとコロリと態度を変えて、よくやった、立派なものだと言ってもらいたがる。とはいえ、一番ありがたいのはほめると同時に愛情に満ちた批判をしてくれる人間だ。そしてまことに幸運なことに、私にはこの技にたけた友人たちが実にたくさんいる。やかましく愛すべき作家仲間であるジェフ・パックは賢明な助言をしてくれた。アイザック・ダーナルも私の原稿に対してジャーナリストとしての意見を述べてくれただけでなく、アイルランドに同行してあっと驚くような写真をたくさん撮ってくれた。その一部は本書を飾っている。その技とともに、自分と同じくらい私もビールを愛するように言いはって聞かなかったことがなければ、この本はずっとつまらないものになっていたはずだ。

トマス・ネルスン社の発行人で友人でもあるジョエル・ミラーのビールとビールの歴史に対する愛情は、私などおよびもつかない。ジョエルはまことに賢明な助言をしてくれたし、一番肝心な時に心やさしく励ましてくれた。あらためて感謝にたえない。

ダブリンはセント・ジェイムズ・ゲイトのギネス社の司書としてイーヴリン・ロシェ以上の人物は考えられない。幅広い知識を持ち、何をたずねても明晰な答えが返ってくるし、創意工夫はあふれるばかり。何より、インタヴューしていて実に魅力的な人だ。その史料館で過ごしたことと、この本に提供してくれた知恵に感謝する。

ギネス一族の方にこの本のことを気にかけていただいたのは、私にとって生涯最高の栄誉の一つだ。傑作『ギネスの天才』の著者ミシェル・ギネスは様々なことを教えてくれるとともに、激励してくださった。ミシェルが情熱をこめて敬っていることから、グラッタンの物語の章が生まれた。

最後に。人生においてつねに変わらない愛情をそそいでくれる妻を娶ることができれば、男にとって幸いだ。その妻が第一の友人でもある場合には、その男は二重の祝福を受けていることになる。ところが、愛する相手であり、友人であると同時に、その妻が仕事の上でも一心同体になってくれる有能なパートナーであるとなると、その男は身にあまる恵みを受けていることを日に何度も跪いて神に感謝しなければならない。私は日に何度も跪いて神に感謝している。私にはビヴァリーがいるからだ。この感謝の想いはことばにはあらわせない。

ギネスについて書く人びとを私はおおいに尊敬する。気の弱い人間には向いていない仕事だからだ。ギネス一族の一員がギネスについて書くことはめったにない。逆鱗に触れて訴訟を起こされた書き手も何人もいる。内容や表現をめぐって意見が合わないことから、個人的に復讐を受けたり、手ひどい裏切りにあった者もいる。かてて加えて話のひろがりかたが尋常ではない。ギネスの物語はビートルズの歌のテーマになるものから、ジョン・ウェスレーの説法、一九世紀ダブリンにおける貧困、そして現代のドバイでのアルコール制限まで含まれる。ビートルズの歌といえば、「ア・デイ・イン・ザ・ライフ」はギネス家の子孫の一人の死についてうたったものと言ってもおかしくはない。

こうした危険のほとんどを私は逃れている。私の目的は単純に、ギネス家の寛大さと信仰を述べることだからだ。醸造のくわしい細目、系図上の論争、ギネス家上層部にまつわるゴシップなどは他の方々にお任せしよう。だから私は安全地帯にいるはずだ。

ギネスの物語を誰よりも愛する者として、企業としてのギネスに対してディアジオ社がやっていることを、ギネスの一族に対しても誰かがしてくれないかと私は期待している。史料館を造ることである。ギネス一族の文書記録を集めて保管している場所はどこにも無い。アーサー・ギネスの子孫である高貴なる一族の栄誉をたたえる研究センターも博物館も無い。これは不幸なことだ。ギネス一族の物語が整理もされない文書のまま、いくつかの箱にほうりこまれて屋根裏部屋に放置されるのではあまりにもったいない。ギネス家の新世代の誰かがこの穴を埋めることを私たちとしては期待したい。そうすれば同時代の人間と後に続く子孫との双方に貢献することになる。

＊　＊　＊

私が利用した資料の一部について記しておこう。「はじめに」で、従業員に対して恵みぶかかったギネス社についての情報は『セント・ジェイムズ醸造所案内』(*Guide to St. James's Brewery*) と題されたなんとも興味ぶかい小冊子による。これはアーサー・ギネス・サン社が一九二八年に出版したもので、この時期のギネスの歴史を映しだしたものとして、これ以上のものは私には見つからなかった。たった一〇〇頁そこそこに写真も入っているものだが、あまりに面白く、刺激にあふれているので、版をあらためて史料館で売ってもいいのではないかと思う。

「神々に愛されたビール」の章冒頭のピルグリム・ファーザーズとビールの話は、ウィリアム・ブラドフォードの『プリマス入植地について、一六二〇〜一六四七年』(William Bradford, *Of Plymouth Plantation, 1620-1647*) と『モートの記録』(*Mourt's Relation*) が原典。新世界でピルグリム・ファーザーズが体験したことを知る主な資料はこの二つである。古代と中世世界でのビールの歴史についてはグレッグ・スミスの『ビール――メソポタミアから地ビール醸造所までの泡と文明の歴史』（Greg Smith, *Beer: A History of Suds and Civilization from Mesopotamia to Microbreweries*）とトム・スタンデイジの『六杯飲む間に読める世界史』（Tom Standage, *A History of the World in 6 Glasses*）が読んで楽しく、また必読でもある。中世以後ギネス勃興までのビールの歴史、とりわけキリスト教会でのビールの歴史については、ジム・ウェストの『カルヴァンとルターと一杯――教会におけるアルコールの歴史』（Jim West, *Drinking with Calvin and Luther: A History of Alcohol in the Church*）とケネス・L・ジェントリィ・ジュニアの『神がワインを与えたもうた――アルコールについて聖書に書かれていること』（Kenneth L Gentry Jr, *God Gave Wine: What the Bible Says About Alcohol*）が、情報の詰まったガイドブックになる。

ソロモン・H・カッツ博士（Dr. Solomon H Katz）の論文にはまことに興味をかきたてられるが、その要約としては『ニューヨーク・タイムズ』一九八七年三月四日号の記事が一番良い。タイトルは「文明はビールのおかげ？」（Does Civilization Owe a Debt to Beer?）で、インターネットのどこでも読める。またペンシルヴァニア大学の文化人類学者としてのカッツ博士のなんとも魅力的な仕事をめぐる議論もネット上いたるところにある。

ビル・イェンの『ギネス――完璧なビールを求めた二五〇年』（Bill Yenne, *Guinness: The 250-year Quest for the Perfect Pint*）はこの第一章に書いたビールの歴史について貴重な情報を与えてくれた。ギネスのビールについて、これ以上の本は無いと私は思う。イェンの仕事は一企業の歴史としても有益だが、かれが本領を発揮するのは醸造方法の進化や酵母の一生や醸造科学に果たしたギネス社の貢献といったテーマについて述べる時だ。その文章はジャーナリストのもので、よけいな飾りのないルポルタージュとして、この本はギネスの醸造方法について最高にわかりやすい教科書だ。

「ビール職人かつ社会変革者、アーサー・ギネス」を書くにあたって参考にしたパトリック・ギネスの『アーサーの出番——伝説の醸造家アーサー・ギネスとその時代』（Patrick Guinness, *Arthur's Round: The Life and Times of Brewing Legend Arthur Guinness*）は、ほとんど百科事典ともいうべきもので、またその喧嘩腰の姿勢が実に楽しい。著者は祖先をとりまく神話を一部なりともひきはがすことに熱意を燃やしており、またアーサーの時代のアイルランドについての幅広い知識はギネスの歴史を研究する者にとってもありがたいものだ。個々の名前を挙げてギネスの歴史の研究者に論争を吹っかけたり、背景や前後関係にすすんで何ページもついやしたりしているところはいささか専門的に過ぎることもあるが、時にはすばらしい詩を読んでいる気分になって驚くこともあった。

ギネスについて書かれた本の中で最も美しい文章で書かれているのはミシェル・ギネスの『ギネスの天才』（Michele Guinness, *The Genius of Guinness*）だ。この本はギネス一族の中でも神に身を捧げたグラッタンの一派をおもにとりあげているが、賢明で周囲にとっても啓発的だった醸造に身を捧げたギネス一族への洞察もみごとだ。

「遺志を継ぐ者たち」の章ではイェンとミシェル・ギネスに大いに助けられたが、それとならんでフレデリック・ミュラリィの『銀の盆――ギネス一族の物語』（Frederic Mullally, *The Silver Salver: The Story of the Guinness Family*）のおかげもこうむっている。醸造業にまつわる伝承や信仰よりも一族の有名なメンバーに焦点をあてているものの、ミュラリィは現代のギネス一族の話を数多く記述していて、こうした話にギネス関係の本の大半が触れていない。同様の本にもう一冊、デレク・ウィルソンの『光と闇――ギネス一族の物語』（Derek Wilson, *Dark and Light: The Story of the Guinness Family*）がある。ギネスをとりまく歴史的前後関係の把握にウィルソンの本は何よりも役にたった。またギネスの歴史への宗教面からの影響を正当に評価している点でも、ウィルソンに敬意を表する。歴史家の多くはこれを見過ごしているか、単なるもの好きとしてしか扱っていない。

「社会変革の礎」の章では、トニィ・コーコランの『ギネスの仁徳――醸造業と一族とダブリンの街』（Tony Corcoran, *The Goodness of Guinness: The Brewery, Its People and the City of Dublin*）と、ギネス史料館にある、同じテーマのコーコランのモノグラフに頼った。著者はギネスの善行を言祝ぎ、ドクター・ラムスデンの仕事を掘りおこしてくれている。そして著者自身の家系と幼年時代の著者がいかにギネスのおかげをこうむったかを綴っている部分は、読んでいてこちらも嬉しくなる。

ドクター・チャールズ・キャメロン（Dr. Charles Cameron）の書かれたものには大変助けられた。ありがたいことにその報告は大半がインターネット上で読める。ドクター・ラムスデンの仕事の時代背景や一九世紀後半のダブリン貧困層の描写として、キャメロンの文章は欠かせない。

「神のギネス一族」で書いたことのほとんどは、ミシェル・ギネスの『ギネスの天才』から得たものだ。著者との会話から、ヘンリー・グラッタン・ギネスの書翰《しょかん》や著書を数多く所有していることがわかるが、著者がこの偉大な人物の生涯について、あれほど感動的に書くことができたのは、そのおかげだ。キリスト教指導者として重要なこの人物の本格的な伝記が待たれる。ミシェル・ギネスがこの仕事に取り組むことができるようになることを、私は期待している。アイルランドの歴史で最も大きな変化をもたらした信仰復興運動の一つの指導者としてはもちろんだが、ヘンリー・グラッタン・ギネスが書き残したものだけでも充分注目に値する。

「国民的・グローバル企業としての躍進」ではビル・イェンが何よりも助けになったが、もう一冊、一癖ある小冊子『ギネスの名はギネス……黒と白のあるブランドの華麗な物語』(*Guinness is Guinness... The Colorful Story of a Black and White Brand*) が細かいエピソードを豊富に提供してくれたし、またその際に必要なユーモアも忘れていない。天然で偏りもあり、教養は豊かだが口調は軽いグリフィスの本は、現代のギネス、ディアジオ社と、ギネスを大衆文化の偶像の一つにしたみごとな広告宣伝について一番わかりやすいものだ。また、ミシェル・ギネスによるルパート・ギネスの肖像は情感に満ちて美しい。それはまたギネスの未来の世代にかける書き手の期待から生まれたものでもある。

これまで挙げた諸書にはたいへんにお世話になったが、次に挙げる本もまた貴重な助けとなった。S・R・デニスンとオリヴァ・マクドノーの『ギネス社　一八八六～一九三九年――株式公開から第二次世界大戦まで』(S. R. Dennison & Oliver MacDonagh, *Guinness 1886-1939: From Incorporation to the Second World War*）は実質的には企業の業績報告書だが、ところどころよく練られた所見や美しい文章がある。デヴィッド・ヒューズ『ギネスを一本ください――ギネスの多彩な歴史』（*David Hughes, A Bottle of Guinness Please: The Colourful History of Guinness*）はごく専門的な内容だが、挿絵や写真が豊富で、愛情をこめて書かれており、ギネスの歴史を学ぼうという人間なら参照しないわけにはいかない。最後にジョナサン・ギネスの『ある同族経営企業への鎮魂歌』（Jonathan Guinness, *Requiem for a Family Business*）は一九八〇年代のスキャンダルをテーマにしているものの、そこに書かれている回想、というより哀悼歌というべきものが伝えるギネスの歴史の意味は、活字になっている他のどんなものにも無いものだ。

訳者あとがき

もしあなたが今、とりあえずこのあとがきを読んでおられるのなら、ひとまずそれは中止して、まずプロローグを一読してほしい。

ダブリンのギネス史料館のすぐ外のベンチで著者が遭遇したアメリカの若者たちが、ギネス一族とそのビールの話にどう反応したか。そこにこの本のエッセンスがある。

翻訳をするからには、この本は何度となく読みかえすことになる。そして何度読んでも、このプロローグにぼくは感動を覚える。そして、ちょっぴりうらやましくもなる。

あそこに描かれた、おそらくはごく普通にダブリンに観光にきていたのだろうアメリカのごく普通の若者たちは、カネを儲けることそのものにはもはや関心がない。かれらにとって問題はその先だ。儲けたカネで何をするのか。それを何に使うのか。

いや、端的に言おう。アメリカの若者たちにとっては、社会を変えることが一番興味のあることなのだ。人びとの暮らしを変えること。より幸せな、より笑顔の多い方へ変えること。カネ儲けはそのための手段にすぎない。

大きな問題をいくつも抱えながらも、時には鼻つまみ者にされながらも、世界をリードし、世界を変える人間をアメリカが生みだしつづけているのは、たぶん、そのせいだ。

そう、スティーヴ・ジョブズならば言うだろう、砂糖水を売って一生をすごすなんてつまらない、世界を変えようじゃないか。

ジョブズの凄いところはたぶんそこだ。ギネス一族はビールを売って得たカネを使って世界を変えた。ジョブズは世界を変えるモノを作り、売ってカネを儲け、儲けたカネでさらに世界を変えた。

ジョブズの物語は措いておこう。他でたっぷり語られているし、これからも様々なかたちで語られつづけるだろう。ここで語られるのはギネスの物語だ。その物語もまた、語られつづけるだけの価値は充分にある。


それにしてもギネスというのは不思議なシロモノだ。ビールといえばラガー全盛の世の中で、これほど世界中で広く多種多様な人びとに飲まれている銘柄は無い。飲み物全体を見渡しても、肩をならべられるのはコカ・コーラぐらいではないか。

飲み物や食べ物は普通ローカルな性格をもつ。その土地でとれるものを一番良く活かす料理が発達し、酒が生まれる。米がとれるところでは米の酒、砂糖黍を主に育てるところでは砂糖黍の酒、椰子がたくさん生えているところでは椰子の酒。

当然それぞれの酒は独自の風味を備える。その土地の人間が一番旨いと感じる味である。よその土地の人間の味覚には必ずしも合わない。はずだ。

ギネスも元来はアイルランドのローカルな酒だ。それがいつの間にかブリテンの酒となり、大英帝国の酒となり、そして世界の酒になってしまった。これは何なのだろう。

もう一つ。本書で知って仰天したのだが、一九三〇年代にいたるまで、ギネスは商品の宣伝というものをしていなかった。少なくとも二〇〇年の間、ギネス自体の力だけで売れていた。しかも年々売れる量が増えていた。おまけにその間、商品そのものは変わっていない。「モデル・チェンジ」も「リニューアル」もしてはいないのだ。一九世紀までは基本的に口コミの世界だとはいえ、一体これは何なのだろう。

ギネスがアイルランドの産物であることが、この不思議を生んでいるのではないか。と、本書を訳しながらずっと考えていた。

アイルランドは英国という西洋文明の中心の隣にあって、西洋文明とは対照的な「野生」の要素をこんにちまで保ちつづけている。レヴィ＝ストロースが描く南米の「野生」の思考が西洋文明の対極にあるとすれば、アイルランドの「野生」の感性は両者に共通な平面から垂直に運動するようにも見える。その非西洋的「野生」の魂はすぐ隣から持ち込まれる西洋文明の最先端と常に同居し、相剋と融合を繰り返している。

ギネスにあてはめるなら、その「味」は土着の「野生」の要素から生みだされる一方で、生産と流通、それを支える経営のシステムは産業革命を引っぱった英国のものだ。ギネスが同じ「ポーター」としてイングランド産に対抗しえたのは後者のおかげであり、やがてイングランド産に勝って「英国のギネス」になってゆくのはローカルな「味」によってだ。

ギネスの世界制覇に似た現象が二〇世紀後半にも顕れる。アイリッシュ・ミュージックである。ぼくが飲み物としてのギネスに関心を抱いたのも、音楽を通じてだった。

「ギネス」の名を知ったのはそれよりずいぶん前、たぶん中学生の時だったろう。通学路だった東京は麻布一の橋交差点角の屋上看板に、ギネスの広告があったのを覚えている。確か「元気の出るビール」というコピーだった。子供心にも妙な表現と感じられたが、今からふり返れば「ギネス・イズ・グッド・フォー・ユー」の苦心の日本語版だったのだろう。

それから一〇年ほどして、アイリッシュ・ミュージックつまりアイルランド伝統音楽に入れ込みはじめると、ギネスはまったく新たな顔を顕わにした。伝統音楽の現場にはギネスがつきものだということが段々わかってきたのである。この結びつきは、本書を訳しおえてみると、アイルランド文化全体の象徴とも思えてくる。アイリッシュ・ミュージックもまた土着の野生と英国からの圧倒的影響の相剋と融合の産物であると同時に、英国のシステムに乗って全世界へ広がり伝わってゆくからだ。一九七〇年代後半、ぼくらがアイリッシュ・ミュージックの存在に開眼するのは「ブリティッシュ・ミュージック」の一角としてだった。

世界を変える力の源泉としてのギネスの姿が出現するのも、アイルランドの産物であることが大きい。アイルランドの悲惨は、大英帝国の最初の、そして一番近い植民地であったことから生まれた。その惨状こそが、ギネスをして世界を変えようと促したことは、本書にも明らかだ。独立前後の苦闘の中で、将来への希望を具体的な形として示すドクター・ラムスデンの姿にはとりわけ心を揺さぶられる。しかしダブリンがもし清潔で暮らしやすい街であったなら、ラムスデンの偉業は無かっただろう。

かくてギネスの不思議はアイルランドという独自の条件から生まれたきわめてローカルな性格を備える。そしてそのローカル性のゆえにこそ、結果として世界制覇することになった。

これもまた、ギネスの現代への教訓ではないか。世界を制覇する、グローバルになるものは標準《スタンダード》的なものではない。あくまでもローカルさを譲らない、土着性からブレないものなのだ。スタンダードは容易に交替する。ローカルは残る。ともにアイルランドのローカルな作物として、ぼくにとってはギネスとアイリッシュ・ミュージックは切っても切れない。アイリッシュ・ミュージックとともに飲む時のギネスほど旨いものもないと思う。本書を読まれたあなたも、まだ未体験であるのなら、ものは試し、一度はギネスを手に、アイリッシュ・ミュージックに耳を傾けていただければと願う。

本書の翻訳はアイリッシュ・ミュージックとならんでギネスを愛する者としてはまことに楽し

い作業だった。この翻訳のきっかけを作り、また病気の発覚による中断の間も手厚いサポートをいただいた担当の下田理氏に御礼申し上げる。

氏と、そしてこのすばらしき飲み物とその文化を生み育んできた人びとに心からの感謝をこめて、スローンチェ《かんぱい》！

二〇一二年如月

訳者識

［著者］

スティーヴン・マンスフィールド
Stephen Mansfield

コンサルタントと情報交換の会社マンスフィールド・グループ（Mansfieldgroup.com）および文学プロジェクトの創生と管理の会社チャートウェル・リテラリー・グループ（Chartwellliterary.com）の創設者。ベストセラー *The Faith of George W. Bush*（ジョージ・W・ブッシュの信仰、Thomas Nelson, 2004）、*The Faith of Barack Obama*（バラク・オバマの信仰、Thomas Nelson, 2011）著者。

［訳者］

おおしまゆたか

東京生。1970 年代後半、アイルランド音楽に親しんでギネスを知る。が、ギネスを飲んで初めて旨いと思ったのは 1980 年代半ばの銀座。アイリッシュ・パブは国内にまだ一軒も無かった。以来アイルランドをはじめとするヨーロッパの音楽について書き、訳し、かつギネスと黒糖焼酎を飲んで現在にいたる。主な訳書に『聴いて学ぶアイルランド音楽』（アルテスパブリッシング）『アイリッシュ・ハートビート チーフタンズの軌跡』（共訳、音楽之友社）などがある。

● 英治出版からのお知らせ

本書に関するご意見・ご感想を E-mail（editor@eijipress.co.jp）で受け付けています。また、英治出版ではメールマガジン、ブログ、ツイッターなどで新刊情報やイベント情報を配信しております。ぜひ一度、アクセスしてみてください。

メールマガジン：会員登録はホームページにて
ブログ　：www.eijipress.co.jp/blog/
ツイッター ID　：@eijipress
フェイスブック：www.facebook.com/eijipress
☆**『ギネスの哲学』フェイスブックページ：www.facebook.com/gnsbook**

ギネスの哲学
地域を愛し、世界から愛される企業の 250 年

発行日	2012 年 3 月 31 日　第 1 版　第 1 刷
著者	スティーヴン・マンスフィールド
訳者	おおしまゆたか
発行人	原田英治
発行	英治出版株式会社
	〒 150-0022 東京都渋谷区恵比寿南 1-9-12 ピトレスクビル 4F
	電話　03-5773-0193　　FAX　03-5773-0194
	http://www.eijipress.co.jp/
プロデューサー	下田理
スタッフ	原田涼子　高野達成　岩田大志　藤竹賢一郎
	山下智也　杉崎真名　鈴木美穂　山本有子
	千葉英樹　野口駿一　原口さとみ
印刷・製本	大日本印刷株式会社
装丁	英治出版デザイン室
イラスト	にしむられいこ

ISBN978-4-86276-114-9　C0034　Printed in Japan